COUP D'OEIL

GÉNÉRAL ET STATISTIQUE

SUR LA

MÉTALLURGIE,

Considérée dans ses rapports avec l'industrie,

LA CIVILISATION ET LA RICHESSE DES PEUPLES,

PRINCIPALEMENT EN EUROPE, ETC.

PAR THÉODORE VIRLET,

INGÉNIEUR CIVIL DES MINES,

CHEVALIER DE L'ORDRE ROYAL SUPÉRIEUR DU SAUVEUR GREC,

MEMBRE DE LA COMMISSION SCIENTIFIQUE DE MORÉE, etc., etc.

PARIS,

CARILIAN-GOEURY, LIBRAIRE,

QUAI DES AUGUSTINS, 41;

ROBET, LIBRAIRE,

RUE HAUTEFEUILLE, 10 bis.

1837.

COUP D'ŒIL

GÉNÉRAL ET STATISTIQUE

SUR

LA MÉTALLURGIE.

[illegible]

(*Extrait du Dictionnaire pittoresque d'Histoire naturelle.*)

[illegible]

PARIS — IMPRIMERIE DE COSSON,
rue Saint-Germain-des Prés, n° 9.

COUP D'ŒIL

GÉNÉRAL ET STATISTIQUE

SUR

LA MÉTALLURGIE,

CONSIDÉRÉE DANS SES RAPPORTS

AVEC L'INDUSTRIE, LA CIVILISATION

ET LA RICHESSE DES PEUPLES,

PRINCIPALEMENT EN EUROPE, ETC.

PAR M. THÉODORE VIRLET,

Ingénieur civil des Mines, chevalier de l'ordre royal suprême du Sauveur grec,
Membre de la commission scientifique de Morée, etc., etc.

PARIS,

CHEZ CARILIAN-GOEURY, LIBRAIRE,

QUAI DES AUGUSTINS, 41.

ET CHEZ ROBET, LIBRAIRE,

RUE HAUTEFEUILLE, 10 bis.

1857.

COUP D'OEIL

GÉNÉRAL ET STATISTIQUE

SUR

LA MÉTALLURGIE*

Peu de métaux se trouvent à l'état métallique dans la nature ; le plus ordinairement, ils sont
combinés ou mélangés avec une foule de substances étrangères dont il est indispensable de les séparer pour pouvoir s'en servir dans les usages habituels de la vie. L'art de les purifier ou de les
extraire de leurs minerais, est ce qu'on appelle la
Métallurgie. C'est une science d'application qui
a une étendue immense et qui participe de toutes
les connaissances économiques et industrielles ;
car elle embrasse depuis l'art de préparer des sables grossiers jusqu'à celui de l'essayeur des monnaies, c'est-à-dire de constater dans des masses
d'or et d'argent les plus faibles proportions d'alliage. Elle résume en elle une foule d'autres sciences ; c'est ainsi qu'elle exige des connaissances éten-

* L'auteur se proposant de donner plus tard sur la même matière un
travail beaucoup plus-étendu que celui-ci, et qui comprendrait en même
temps tous les autres produits minéraux et l'exploitation des mines,
il recevra avec reconnaissance tous les documens statistiques et histo-
riques qu'on voudrait bien lui communiquer, en les lui adressant chez
les libraires-éditeurs ; il se fera un devoir d'en rappeler la source. ᴊᴅ

nombreux frais de transport. En Angleterre, presque toutes les usines sont situées immédiatement au dessus de la mine et du combustible, réunis en très-grande abondance; joignez à ces avantages ceux d'être toujours placées dans le voisinage des côtes, des canaux ou des chemins de fer, d'avoir toujours des machines puissantes; et vous aurez une partie des causes qui permettent à nos voisins d'outre mer de fabriquer beaucoup, et à des prix extrêmement modiques, auxquels nos usines en France ne peuvent jamais espérer d'arriver.

D'un autre côté, l'esprit d'association, qui fait la force de l'industrie et lui fournit ses grands moyens de développement, manque généralement en France, où la non-réussite de la plupart des grandes entreprises faites dans ces derniers temps par diverses sociétés n'a pas peu contribué à en ralentir le développement.

Les conditions pour l'établissement des exploitations industrielles varient pour les divers pays, qui ont leurs exigences de position dont il faut savoir tenir compte; et vouloir, par exemple, imiter servilement en France tout ce qui se fait en Angleterre, c'est s'exposer à bien des mécomptes; aussi l'engouement qui a régné pendant quelque temps chez nous pour tout ce qui était anglais, et l'ignorance de la plupart des hommes venus d'Angleterre, imbus des préjugés et des routines de leur pays, auxquels la direction des nouveaux établissemens avait d'abord été confiée, ont fait faire bien des fautes, et ont été beaucoup plus nuisibles aux progrès de l'industrie qu'ils n'ont servi à en développer l'essor.

On ne peut cependant disconvenir que l'état de paix dont nous jouissons, depuis une vingtaine d'années, n'ait fait prendre à l'industrie un développement considérable qui a augmenté l'aisance générale ; et malgré les entraves qui lui sont opposées par suite d'un esprit étroit et rétréci, elle est partout en progrès, et elle marche rapidement, comme l'esprit humain, vers son affranchissement complet. Les arts métallurgiques ont suivi plus lentement peut-être ce mouvement général de progrès que le gouvernement ne saurait trop s'efforcer de seconder, non par des lois restrictives qui tuent bien plus souvent les industries particulières qu'elles ne les protégent, mais par des encouragemens bien entendus ; il y est d'autant plus intéressé que le développement du travail, en améliorant l'état moral des masses et le bien-être général, devient la sauvegarde de toute société.

L'importance de la Métallurgie est immense ; c'est en quelque sorte sur elle que repose la richesse des états, car elle fournit non seulement les matières premières les plus indispensables à toutes les industries, dont les progrès sont ainsi liés aux siens, mais encore elle devient leur principale source de revenus. C'est surtout au perfectionnement des machines et des appareils pour l'épuisement des eaux et l'extraction des matières, et à l'emploi plus généralement répandu des machines à vapeur qui les mettent en mouvement et en augmentent considérablement l'effet utile, que sont dues les améliorations qu'a éprouvées dans ces derniers temps la Métallurgie.

L'Angleterre occupe le premier rang parmi les

nationsles plus industrielles, par l'importance de
ses exploitations minérales ; elle se distingue surtout par la perfection des machines et les procédés technologiques. L'esprit entreprenant des Anglais et leurs habitudes commerciales les ont portés
à s'occuper avec autant d'activité de l'exploitation
des mines et de la préparation des métaux que de
tous les autres genres d'industrie qui sont, pour
ainsi dire la conséquence de celles-ci. La sidérur-
gie surtout y est dans l'état le plus prospère, et
elle fournit aujourd'hui plus de fer à elle seule que
tous les autres états de l'Europe réunis. Cette contrée semble, en effet, avoir été favorisée par toutes
les circonstances pour devenir la terre classique
de cette industrie, dont les progrès toujours croissans ont élevé si haut sa prospérité.

Après l'Angleterre viennent dans un ordre relatif les différentes contrées de l'Allemagne, où
l'art d'exploiter les mines est porté au plus haut
degré de perfection. L'Autriche surtout, qui est
le gouvernement de l'Europe, qui fait exploiter le
plus de mines pour son propre compte, se trouve
intéressée à en faire ouvrir de nouvelles, à exploiter mieux les anciennes et à former de bons mi-
neurs et de bons métallurgistes ; aussi les arts métallurgiques y sont très-perfectionnés ; c'est le
seul pays de l'Europe où l'exploitation de l'or ait
de l'importance ; il en fournit annuellement plus
de 4,500 marcs ; c'est aussi celui qui donne le plus
d'argent, et depuis 1815 la production du fer y
a été beaucoup augmentée, ainsi qu'en Prusse, où
les arts métallurgiques ne prennent pas moins de
développement. En effet, la Silésie, qui, en
1780, importait encore des fers de la Suède, pré-

sente aujourd'hui une exportation annuelle de
plus de 100,000 quintaux de fer. ‚ ‚

La France , favorisée par des avantages naturels
et de position , n'occupe guère que le troisième
rang parmi les puissances productrices. Les mines
et la Métallurgie y ont long-temps été négligées ;
et ce n'est que depuis le commencement de ce
siècle ; et même depuis une vingtaine d'années ✔
que le gouvernement a commencé à porter un peu
d'attention vers cette partie cependant si intéres-
sante de notre richesse territoriale ; aussi n'est-ce
que depuis cette époque qu'on a vu les exploitations y acquérir une véritable importance.

Le développement extraordinaire que l'industrie en général, et particulièrement celle des fers,
a pris depuis quelques années en Belgique, mérite,
surtout dans une revue générale comme celle-ci,
de fixer l'attention : ce grand mouvement indus-
triel est principalement dû aux encouragemens et
à la protection éclairée du roi Guillaume, qui
était, on peut le dire avec justice, le premier né-
gociant de son royaume, et qui est encore parmi
tous les souverains celui qui entend le mieux le
commerce dans ses applications les plus étendues,
et qui sait le mieux apprécier toute la force que
peuvent donner à un peuple les intérêts matériels
satisfaits. Il ne se contentait pas seulement d'encou-
rager toutes les entreprises utiles par des priviléges
plus ou moins étendus, mais il se plaçait encore
lui-même à leur tête en qualité d'associé comman-
ditaire, et les aidait ainsi de ses propres deniers.
Ce fut lui qui créa, en 1822, cette vaste société de
banque, connue sous le nom de *Société générale
pour favoriser l'industrie nationale*, et qui avait

comme il la concevait, un caractère de libéralité,
de grandeur et d'élévation tel, qu'elle devait nécessairement exercer un ascendant extraordinaire
sur le développement de l'industrie ; mais la révolution belge, en enlevant à cette association son
fondateur et protecteur naturel, lui a aussi enlevé
son caractère primitif et a changé son véritable
but. Cette association colossale, que les journaux
se sont plu à tant exalter récemment, est devenue,
entre les mains de spéculateurs ordinaires, un véritable monopole qui, loin de favoriser le développement de l'industrie, tend continuellement,
au contraire, à écraser toutes les entreprises particulières, dont elle s'empare ensuite pour les exploiter à son seul profit ; et, en détruisant toute
concurrence, toujours si profitable aux masses,
elle fait la loi aux consommateurs, en sorte qu'on
pourrait bien aujourd'hui changer son nom en
celui de *Société générale pour ruiner l'industrie nationale.*

Cependant le roi Léopold, formé à l'école anglaise, ne s'attache pas moins que son prédéces-
seur Guillaume à favoriser le développement de
l'industrie de la nation qu'il a été appelé à gou-
verner, et s'efforce de réparer ainsi autant qu'il
est en lui le tort que sa séparation de la Hollande
a porté à ses relations commerciales maritimes et
étrangères. Aussi la production du fer a plus que
doublé en Belgique, et n'a cessé d'aller toujours
croissant depuis 1830. A cette époque elle ne possédait que cinq hauts-fourneaux marchant au coke,
et elle en a aujourd'hui trente-cinq, dont le produit annuel, favorisé comme en Angleterre par
l'abondance du combustible fossile, par la posi-

tion et la facilité des transports, autant que par le grand nombre et la puissance des machines à vapeurs, doit s'élever au moins à 700,000 quintaux métriques, auxquels il faut joindre la production du fer au charbon de bois qui ne laisse pas que d'avoir quelque importance. M. Lèplay, qui vient de faire un travail très-intéressant sur l'industrie du fer en Belgique, y donnera, ce qui n'a pas encore été fait jusqu'ici, le chiffre exact de la production de ce métal.

La Suède trouve dans l'exploitation de ses mines, qui produisent annuellement pour plus de 20,000,000 de francs, des ressources qui la dédommagent du peu de fertilité de son sol; les qualités supérieures des fers suédois les font rechercher depuis long-temps sur tous les marchés de l'Europe, et ont acquis à cette contrée une supériorité bien marquée dans cette branche de la Métallurgie; elle fournit des quantités très-notables d'étain, de zinc, d'argent, et surtout de cuivre; malheureusement les fameuses mines de Falun, qui lui fournissaient la plus grande partie de ce dernier métal, paraissent presque épuisées; ainsi leur produit annuel, qui était d'environ 2,752,000 kilogrammes sous le règne de Gustave-Adolphe, n'est plus aujourd'hui que d'un cinquième de cette quantité.

On ne peut pas encore dire aujourd'hui à quelle puissance la Russie s'élevera un jour sous le rapport métallurgique; mais ce qu'il y a de certain, c'est que son gouvernement a fait depuis une cinquantaine d'années les plus grands efforts pour y augmenter le développement de la Métallurgie et de l'exploitation des mines, et que l'on est frappé du mouvement général de perfectionnement et de progrès imprimé à ce vaste empire, autant sous le rapport de l'industrie minérale que sous le point de vue agricole et commercial. Il offre, en effet, aujourd'hui, des établissemens qui peuvent rivaliser avec tous ceux de l'Europe méridionale. La Russie, que nous traitons parfois, trop légèrement sans doute, de puissance barbare, parce que ses mœurs et ses habitudes sociales et politiques diffèrent essentiellement des nôtres, me paraît destinée, au contraire, à jouer un jour, et ce jour n'est peut-être pas très-éloigné, un grand rôle parmi les nations civilisées. Ce qui manque aujourd'hui à cette puissance, c'est l'argent : elle l'a bien senti, aussi a-t-elle porté toute son attention vers l'exploitation des mines qui doivent lui fournir ce mobile de la puissance réelle des peuples ; et à ce sujet on peut dire que les réglemens libéraux qu'elle a établis touchant l'exploitation des mines par les particuliers, ne contribueront pas peu à développer de ce côté ses ressources industrielles. Déjà ses mines fournissent autant d'or que celles du Brésil, pays du monde qui en fournit le plus ; elle est devenue l'égale de l'Autriche pour la production de l'argent et du cuivre, et après l'Angleterre et la France, c'est le pays qui produit le plus de fer. On peut donc prévoir que la Russie, avec cette politique persévérante et toute de prudence qui la caractérise, comme état et qui lui a souvent servi à remplacer la force matérielle qui lui manquait, politique qu'on pourrait peut-être regarder comme l'expression d'un véritable patriotisme national ; on peut prévoir, dis-je, qu'appuyée comme elle l'est sur le levier formidable que lui présentent pour l'avenir ses mines de l'Altaï ; du Caucase et de l'Oural, elle acquerra nécessairement bientôt une grande prépondérance dans les destinées politiques du monde.

L'Espagne est peut-être de tout l'ancien continent le pays le plus riche en mines précieuses ; et il est à peu près certain qu'il l'emporterait bientôt en importance sur l'Angleterre même, si elle savait tirer parti des richesses souterraines dont la nature l'a dotée avec tant de profusion ; elle a d'ailleurs été dans l'antiquité, pour les Phéniciens et ensuite pour les Carthaginois, ce que dans les temps modernes le Pérou était devenu pour elle-même. Tous les auteurs anciens nous ont laissé à ce sujet des notions précieuses sur ses immenses richesses minérales, et nous montrent que jadis la péninsule ibérienne, obligée depuis d'aller chercher ses trésors dans le Nouveau-Monde, avait été le pays le plus riche de la terre en argent et autres métaux précieux. Aristote prétend, par exemple, que quand les Phéniciens, ces intrépides et hardis navigateurs, qui reculèrent si loin les limites du monde connu, débarquèrent pour la première fois en Espagne, ils y trouvèrent une telle quantité d'argent qu'ils en emportèrent une cargaison et qu'ils fabriquèrent tous leurs ustensiles avec ce métal. Ce fut de l'Espagne qu'ils tirèrent les immenses richesses qui servirent à décorer le fameux temple de Salomon, et les trésors avec lesquels Didon s'enfuit de Tyr pour aller fonder Carthage provenaient du même pays. Strabon, en parlant des mines d'argent de cette contrée, ajoute qu'il y avait aussi beaucoup d'or, de plomb, de fer, et surtout de l'étain dont les mines se trouvaient sur la côte septentrionale voisine de la Lusitánie. « L'Ibérie fit le commerce avec toi (Tyr), à cause de tes grandes richesses; elle paya tes denrées avec de l'argent, du fer, de l'étain, du plomb », s'écrie le prophète Ezéchiel. Enfin, sous la domination des Carthaginois, successeurs des Phéniciens dans le commerce du monde, l'argent fut si abondant en Espagne, qu'on en fabriquait encore toutes sortes d'ustensiles. Après eux, les Romains continuèrent l'exploitation des mines de l'Espagne et en retirèrent d'immenses quantités de métaux avec lesquels ils payèrent leurs armées et soutinrent leur puissance. Il est donc certain que le sol de l'Espagne recèle dans son sein des richesses considérables, dont il ne lui faudra que savoir tirer parti pour permettre au peuple énergique qui l'habite de reprendre sa prépondérance en Europe. Outre les mines dont il vient d'être question, l'Espagne possède encore des mines de cuivre très-abondantes et aussi anciennement exploitées; ses célèbres mines de mercure d'Almaden sont les plus riches qui existent; malheureusement elles viennent, par suite d'un acte de vandalisme et de barbarie inqualifiable, d'être noyées par Gomez. Enfin, les mines de fer de l'Espagne, dont les produits jouirent d'une grande célébrité dans l'antiquité et même encore jusque vers le dixième siècle, sont pour ainsi dire inépuisables; mais depuis lors son administration intérieure, jointe à ses relations avec l'Amérique, ont complétement paralysé dans ce beau pays tous les efforts de l'industrie, et il ne lui reste plus aujourd'hui, de son vaste commerce de fer, que la réputation de ses produits sous le rapport de la qualité. Cependant, depuis quelques années, cette puissance, qui ne retirait plus de ses mines de plomb que de très-faibles produits, évalués à seulement 12,000 quintaux par M. le comte de Laborde, s'est replacée en tête de toutes les nations productrices de ce métal; et ses produits, transportés sur tous les marchés de l'Europe, y ont fait considérablement baisser le prix du plomb; elle doit cet heureux changement à l'abolition des lois restrictives qui en gênaient l'exploitation.

Ne me proposant de faire connaître ici que les métaux dont les usages sont les plus nombreux et les plus répandus, je n'ai pas cru devoir adopter, pour en parler, d'autre ordre de classification que celui de leur importance relative dans les arts et l'industrie. En traitant de chaque métal, je rappellerai d'abord ses caractères et ses propriétés physiques; puis je détaillerai son emploi dans les arts, afin d'en faire ressortir l'importance; ensuite je rappellerai la manière d'être dans la nature des différens minerais qui le fournissent; j'exposerai après les principaux procédés en usage pour leur extraction, et je terminerai par un tableau statistique de leurs produits dans chaque pays. Sans doute bien des données à ce sujet sont fort anciennes et auraient besoin d'être rectifiées; mais il n'est pas facile de se procurer des renseignemens exacts sur l'exploitation des pays étrangers; aussi ai-je eu soin d'indiquer la date du renseignement le plus récent que j'ai eu à ma disposition, afin que si les produits d'un pays avaient éprouvé depuis lors des modifications importantes, on ne puisse pas considérer ceux qui sont consignés ici comme erronés, mais comme l'expression de ce qui existait à l'époque la plus récemment connue, j'ai enfin aussi eu le soin d'indiquer à quel moyen des métaux d'après leur cours actuel en France ainsi que de base à mes calculs; en sorte que si les conditions venaient à varier, il n'y aurait qu'à changer un chiffre pour connaître la valeur réelle pour un poids déterminé du métal.

Après avoir exposé aussi succinctement que possible l'importance relative des diverses nations de l'Europe sous le rapport métallurgique, je dois, avant de traiter des métaux en particulier, donner quelques idées générales sur les principaux appareils employés à leur préparation, afin de mettre le lecteur à même de comprendre les diverses opérations auxquelles chacun d'eux est soumis.

Les procédés que la métallurgie emploie pour arriver au but qu'il se propose, la séparation et la purification des métaux, sont très multiples; obligée d'opérer en grand et par les moyens les plus économiques, il réédite comme trop dispendieux, les procédés nombreux que fournit la chimie, pour ne faire usage que de deux agents principaux, les combustibles et l'air. Le premier sert à liquéfier ou vaporiser certaines substances pour les séparer les unes des autres, et ces opérations prennent les noms de *liquation* et de *vaporisation*, ou le second à oxider certains métaux, profitant de leur grande affinité pour l'oxygène pour les séparer d'avec ceux qui n'en ont pas: c'est ainsi que le plomb se sépare du cuivre par la liquation, à raison de sa plus grande facilité à entrer en fusion; le mercure de l'or et de l'argent par la grande facilité avec laquelle il se volatilise, et le plomb de ces mêmes métaux par suite de la facilité avec laquelle ce dernier métal se combine avec l'oxygène, tandis que l'or et l'argent n'ont aucune affinité pour lui. Souvent les combustibles ont seulement pour but de fondre les matières, ou bien, en se combinant avec l'oxygène de l'air, de former de l'oxide de carbone qui agit alors comme agent réducteur des métaux, ainsi que l'a fort bien démontré récemment M. Leplay.

Suivant les opérations à faire où les circonstances locales, on emploie pour combustible, tantôt le bois ou le charbon de bois, tantôt la houille en nature ou carbonisée, c'est-à-dire convertie en coke, état où elle est débarrassée des matières bitumineuses qu'elle renferme et qui la rendent souvent collante; tantôt enfin on se sert de lignites ou de tourbe. Selon les circonstances aussi, on traite les minerais métalliques préparés (lavés, bocardés et grillés) séparément ou bien mélangés avec le combustible, en y ajoutant, s'il est nécessaire, des *fondans*, matières destinées à faciliter la fusion des minerais et des substances étrangères.

Les appareils dont on se sert pour les différentes opérations métallurgiques sont de deux sortes : les fourneaux à courant d'air forcé et les fourneaux à courant d'air naturel ; leurs formes et leur hauteur varient beaucoup selon les opérations auxquelles ils doivent servir.

Les fourneaux à courant d'air forcé sont ceux où à l'aide de machines soufflantes on introduit une certaine quantité de vent. Ces machines ont donc pour but de porter l'air au milieu du mélange de combustible et de minerai contenu dans les fourneaux, soit simplement pour activer la combustion, soit dans le but de faciliter la réduction ou l'oxidation des métaux. Elles consistent en de très-grands soufflets ordinaires en bois, ou en des pompes soufflantes ou *soufflets à piston*, machines d'invention toute moderne, et qui remplacent très-avantageusement aujourd'hui les anciens soufflets. Ce sont des caisses ou cylindres en bois ou en fonte, carrés ou cylindriques, dans lesquels un piston, à l'aide d'un mouvement de va-et-vient qui lui est communiqué par un moteur quelconque, aspire d'abord l'air, et l'expire ou le chasse ensuite à l'aide de conduits convenablement ménagés, au milieu des fourneaux qu'on veut alimenter. On se sert enfin dans les pays de montagnes, pour fournir le vent aux forges, de *trompes* qui se composent de tuyaux de bois ou de fonte auxquels on donne le plus de hauteur possible, et le long desquels on ménage de petites ouvertures pour y laisser pénétrer l'air; l'eau arrivant par la partie supérieure de ces tuyaux, s'y précipite, entraîne l'air et le chasse avec force dans d'autres tuyaux qui le portent au fourneau.

Comme il sera question de chaque fourneau en décrivant les différentes opérations métallurgiques relatives à chaque métal, je me bornerai à parler ici de quelques uns d'eux. Parmi les fourneaux à courant d'air naturel, les *fourneaux à réverbère* sont ceux où les minerais ne sont soumis qu'à l'action de la flamme, de la fumée et du courant d'air, sans être en contact avec le combustible.

Les *fourneaux à manche* sont au contraire de petits fourneaux à courant d'air forcé, dont la cuve ou capacité intérieure est carrée ou cylindrique;

ils varient beaucoup de hauteur et de dimensions, selon les usages auxquels ils sont destinés, et ont depuis quatre jusqu'à dix et même vingt pieds de hauteur; ce sont alors, comme on les appelle, des demi-hauts-fourneaux.

Quant à ce qui regarde la préparation mécanique des minerais métalliques, j'en ai parlé aux mots BOCARD et LAVAGE, auxquels on peut se reporter. Parmi les préparations chimiques, le *grillage* est une espèce de torréfaction qu'on fait parfois préalablement subir aux minerais, et qui a pour but de chasser certaines substances volatiles, comme le soufre, l'arsenic, etc., ou bien de changer la nature chimique des matières et de les préparer aux opérations qu'elles ont à subir, ou enfin de désagréger les différentes parties des minerais pour rendre plus facile la séparation des matières étrangères. On trouvera, sur tous ces objets, des détails plus étendus et plus circonstanciés, dans les *Principes généraux de Métallurgie* de M. Guéniveau, et dans les différens ouvrages qui traitent de la Métallurgie, soit dans Hassenfratz, soit dans Héron-de-Villefosse, soit dans Karstein, etc.

FER.

Si le fer, qui a été long-temps connu sous le nom de *Métal de Mars*, n'est pas le plus précieux des métaux, on peut dire qu'il est le plus important et le plus nécessaire de tous. Que seraient en effet, sans le fer, les arts et l'industrie? aussi la nature toujours féconde, comme si elle avait voulu distribuer les substances minérales d'après leur utilité relative pour nos besoins, semble avoir

formé à dessein ce métal à profusion, car les minerais de fer sont les matières les plus abondantes
du règne inorganique; ils constituent avec les combustibles fossiles la véritable richesse minérale, et
les valeurs des produits de ces deux espèces de
matières en particulier l'emportent de beaucoup
sur celles de l'or et de l'argent réunis, dont on
s'exagère généralement l'importance; et quoique
la valeur du produit général de ces deux métaux soit
évaluée annuellement à plus de 300,000,000 de
francs, celle du fer s'élève, pour l'Europe seulement,
à environ 775,000,000, en sorte qu'on peut raisonnablement supposer que le produit général du fer
s'élève à une valeur au moins quadruple de celui de
l'or et de l'argent, et à plus de la moitié de la valeur
totale du produit de tous les autres métaux réunis.

L'importance du fer pour tous les usages habituels de la vie l'a fait rechercher de tout temps,
et l'époque de sa découverte se perd dans l'antiquité la plus reculée; tous les peuples un peu in-
dustrieux en ont connu l'usage, et l'on peut dire
même que la consommation de ce métal est d'autant plus grande dans un pays, que la civilisation
y est plus avancée. Comparé aux autres métaux,
le fer est dur; c'est le plus tenace d'entre eux, et
un fil de fer de seulement deux millimètres de diamètre peut supporter un poids de 240 kilogrammes
sans se rompre; il est très-ductile, mais se file
beaucoup mieux qu'il ne s'étend en lames. En
barres, sa pesanteur spécifique est de 7,78, c'est-
à-dire qu'il pèse près de huit fois autant que son
volume d'eau à la température de 18° centigrades.
Il n'entre en fusion qu'à une température extrêmement élevée, entre 15 et 1600° centigrades, sui-

vant M. Pouillet : il brûle alors avec la plus grande facilité. Il n'est personne qui n'ait été témoin dans une forge de l'éclat brillant des étincelles qu'il projette en se brûlant, lorsqu'il est chauffé au blanc soudant; exposé à l'air humide, il s'oxide facilement, et la rouille qui se forme à sa surface n'est que le résultat de sa combustion lente. Je ne rappellerai pas ici les usages nombreux auxquels le fer métallique est employé, tout le monde les connaît; je signalerai seulement son emploi en médecine, où de nombreuses préparations ferrugineuses sont administrées comme toniques, astringentes et apéritives.

On peut dire que le fer métallique n'existe réellement pas dans la nature, où ses composés sont cependant extrêmement nombreux; mais, parmi la grande variété des minerais de fer, on n'emploie pour la préparation de ce métal qu'un très-petit nombre d'espèces : ce sont le peroxide ou oxide rouge, le fer oligiste, le deutoxide ou oxide magnétique, l'hydroxide et les carbonates. Les premiers sont pour ainsi dire les seuls employés en Suède et en Italie; et les derniers, à quelques exceptions près, les seuls employés dans les usines de France. Celles d'Angleterre n'emploient que le fer carbonaté lithoïde ou terreux et compacte des houillères. La différence des minerais, soit sous le rapport de la richesse, soit sous le rapport de la composition et du mélange des matières étrangères, fait nécessairement varier beaucoup, sinon les procédés, du moins les formes des fourneaux employés à leur réduction.

Nous ignorons quels étaient les procédés de fabrication des anciens; il paraîtrait cependant que

les Grecs chargeaient les minerais dans des fourneaux avec les charbons et par couches alternatives, et qu'ils liquéfiaient le fer une ou plusieurs
fois pour améliorer sa qualité. En parcourant la
Grèce, j'ai retrouvé en effet, sur plusieurs points
de cette contrée, et notamment dans les ruines de
Sparte, dont les fers jouissaient d'une grande réputation, outre des scories vitreuses comme celles
de nos hauts-fourneaux, des scories qui ne pa-
raissaient différer en rien de nos scories d'affinage.

S'il faut en croire quelques passages de Pline,
les Romains se servirent d'abord de fourneaux
activés tantôt par un simple tirage, tantôt par des
soufflets; et l'invention de la méthode dite *catalane*, encore pratiquée sur quelques points de
l'Europe, parait remonter jusqu'à eux. Les anciens n'ont pas connu l'usage de la fonte qui est
une découverte du moyen-âge; mais on ne sait
pas où et à quelle époque au juste cette découverte
importante a été faite pour la première fois; elle
remonte jusqu'au douzième siècle, et doit, selon
toute probabilité, être attribuée aux Pays-Bas où
alors, la fabrication du fer ayant fait quelques progrès, on employa la fonte à la confection de
divers objets ; en 1347 on fabriqua en Angleterre
beaucoup de bouches à feu en fonte, et on a des
preuves qu'en 1400 les usines de l'Alsace produisaient des poêles en fonte. L'emploi du coke ou de
la houille carbonisée ne remonte qu'à l'année 1720,
époque où on en fit usage pour la première fois
en Angleterre. Ce ne fut qu'en 1784 que les premiers essais d'affinage de la fonte à la houille dans
des fours à réverbère furent faits dans ce pays.

Depuis cette époque, la fabrication du fer a fait

beaucoup de progrès en Europe; cependant elle est encore loin d'être arrivée partout à ce point de perfection où l'importance de ce métal et ses besoins toujours croissans sembleraient devoir l'amener promptement. La découverte de l'emploi de la houille pour le traitement de ce métal est devenue du plus haut intérêt, à cause de la dépopulation successive des forêts et de l'augmentation progressive du prix des bois; c'est surtout l'Angleterre, pays le plus riche du globe en mines de charbon de terre, qui en retire les plus grands avantages, et on peut dire que c'est l'une des principales causes de sa puissance, celle qui l'a rendue la nation la plus industrielle du monde. Les progrès de l'exploitation du fer depuis cette époque y ont été vraiment étonnans; par exemple, en 1796, le Royaume-Uni ne retirait de toutes ses mines que 125,000 tonnes de fer; en 1806, leur produit s'est élevé à 250,000, en 1820 à 400,000, en 1825 à 580,000, et en 1827 à la quantité énorme de 700,000 tonnes; depuis, la production du fer y a encore beaucoup augmenté. Ces faits positifs démontrent que ce royaume produit aujourd'hui plus de fer que toute l'Europe; cependant la France, la Russie, l'Autriche, la Suède et la Prusse sont réputées comme les pays qui en fournissent le plus.

2. Après l'Angleterre, on peut placer dans un rapport relatif la Belgique, qui se trouve dans des conditions à peu près analogues; en France, au contraire, pays qui vient après l'Angleterre pour la quantité de ses produits en fer, l'éloignement ordinaire des matières premières, la difficulté des communications, du transport, et la rareté de la

houille, ne permettront jamais à cette industrie d'acquérir un développement comparable.

La substitution de l'air échauffé à une haute température, qui va quelquefois à 3 ou 400 degrés centigrades, à l'air froid qu'on lançait auparavant dans les fourneaux, imaginée en 1828 par un Anglais, M. Nielson, est une des découvertes les plus importantes qui aient été faites depuis long-temps en Métallurgie ; elle a changé en partie les conditions de la production du fer, surtout pour celui fabriqué à la houille. Depuis lors, plusieurs améliorations et modifications remarquables, en tête desquelles il faut placer le procédé ingénieux dit des *gaz réducteurs* de M. Cabrol, dont l'application vient d'être faite avec succès dans les forges de l'Aveyron, ont été tentées dans l'emploi de ce système. D'autres perfectionnemens ont encore eu lieu, et celui de l'emploi du chlore dans l'affinage de la fonte, imaginé il y a peu de temps en Allemagne, par MM. Schafhaental et Théobald Bœhm, peut avoir la plus heureuse influence sur la qualité des produits. En France, où la plus grande partie du fer se fabrique avec le charbon de bois, la question des fers se rattache naturellement à celle des bois, et ceux-ci devenant de plus en plus rares et de plus en plus chers, ne permettent pas d'y fabriquer les fers aux mêmes prix qu'en Angleterre et en Belgique, où la mine et le combustible sont à si bas prix et en si grande abondance réunis dans le même gisement. Il y a plus, c'est que si rien ne venait changer les conditions de la fabrication du fer en France, on pourrait y prévoir la ruine prochaine d'un grand nombre d'usines ; car aux prix auxquels les bois se sont vendus cette année dans plusieurs de nos cantons de forges, il n'est presque plus possible d'y fabriquer le fer sans perdre. Ainsi, aux désavantages considérables que nous avons déjà sur la Belgique et l'Angleterre, désavantages qui tiennent au manque de combustible fossile, à l'éloignement des matières premières, à leur prix élevé tout autant qu'aux difficultés de leur transport, vient encore s'ajouter celui de la rareté des bois et de la dépopulation graduelle des forêts qui, dans beaucoup de localités, ne fournissent qu'à peine les trois quarts des approvisionnemens que réclament aujourd'hui les usines, dont les besoins, au contraire, vont toujours croissant.

Je pense que les droits élevés imposés à l'entrée des fers étrangers, loin de favoriser, comme beaucoup de personnes le croient, l'industrie des fers en France, ne profitent qu'aux propriétaires de bois qui augmentent toujours ceux-ci en raison de la concurrence et du haut prix des produits ; tandis que si ces droits venaient à diminuer, il s'établirait une concurrence beaucoup plus favorable que nuisible à la prospérité de nos usines qui se verraient enfin dans la nécessité d'améliorer et de perfectionner leurs procédés de fabrication ; et à ce sujet j'ai été à même d'apprécier l'effet salutaire que l'ordonnance de M. Duchâtel, sur la réduction des droits de douane, avait produit, mais que les votes intéressés de la chambre de 1836 sont bientôt venus paralyser ; car elle avait fait entrevoir que le monopole onéreux qui pèse sur les provinces qui en sont le plus immédiatement frappées aurait un terme, et qu'il fallait bien finir par arriver aux améliorations commandées par les progrès des autres branches d'industrie, afin de se préparer à soutenir la lutte avec l'étranger. Dans cet état de choses, si le gouvernement ne s'empressait pas de prendre les mesures efficaces que réclament les circonstances, et surtout s'il ne songeait pas sérieusement et très-promptement à favoriser des plantations de bois qui puissent rassurer sur l'avenir d'une industrie qui crée chaque année à elle seule une valeur de plus de 110,000,000 de francs, et sur les progrès et le développement de laquelle reposent en quelque sorte ceux de la plupart des autres industries, auxquelles elle fournit les matières premières indispensables, on n'entreverrait plus pour elle qu'un avenir qui irait toujours empirant. Tout procédé qui tendra à diminuer la consommation du bois dans les usines à fer, aura donc une grande importance en France; aussi on y a tenté bien des fois de substituer le bois en nature au charbon de bois pour le traitement des minerais, mais toujours sans beaucoup de succès ni d'avantages réels, et encore ne l'employait-on qu'en petite proportion, mélangé avec le charbon. Un nouveau procédé de carbonisation à l'usine, et à l'aide de la flamme perdue des foyers de forge, dont je m'occupe depuis plus de deux ans, de concert avec ses auteurs, MM. Houzeau-Muiron et Fauveau-Déliars, et qui diminue de moitié la consommation du bois, est venu changer un peu les craintes de l'avenir en un espoir fondé de pouvoir, à l'aide de ce procédé, soutenir la lutte qui tôt ou tard devra s'élever avec l'étranger, et résoudre le problème qu'on se propose depuis long-temps dans les forges, celui de pouvoir utiliser la grande quantité de combustible qui se trouve consommée en pure perte par les moyens ordinaires de carbonisation des forêts, où le bois ne rend moyennement que 16 à 17 pour o/o de carbone, tandis qu'il en contient de 36 à 40. On comprendra facilement dès-lors toute l'importance de ce procédé, surtout quand on saura que la consommation du bois en France, pour le traitement des minerais de fer, s'élève annuellement à plus de 35,000,000 de francs; et combien de capitaux ont été engloutis en pure perte par les anciens procédés de carbonisation des forêts, si l'on se reporte à une époque encore peu éloignée où la consommation du bois, pour obtenir une quantité donnée de fonte ou du fer, était double et triple de celle qui est nécessaire aujourd'hui. Quoi qu'il en soit, la propagation de ce procédé (1), dont le succès, en raison du nombre des applications qui en ont déjà été faites, n'est plus douteux, amenera nécessairement d'importans changemens dans les conditions de la fabrication du fer en France, et devra la mettre à même de soutenir, sous le rapport du prix de revient, la concurrence des fers étrangers.

L'un des résultats de l'adoption immédiate partout du nouveau procédé, serait de réduire de moitié la dépense annuelle du bois employé au traitement des minerais de fer; d'en laisser une partie disponible, et par conséquent de rendre les approvisionnemens plus faciles; cependant il est plus probable que les choses ne se passeront pas

---

' (1) On trouvera tous les détails désirables sur ce sujet intéressant, dans une brochure qui vient de paraître chez Carilian-Gœury, et intitulée. *Mémoire sur un nouveau procédé de carbonisation dans les usines*, etc., in-8°.

tout-à-fait ainsi, et que le nombre des usines augmentera graduellement comme la fabrication, en sorte que l'industrie des forges pourra être mise à même de livrer au commerce une quantité de fer double de celle produite aujourd'hui, et à des prix inférieurs. Ainsi, la propagation du procédé ne réagira pas seulement sur les forges, mais elle aura encore une influence plus ou moins directe sur toutes les autres branches d'industrie, et contribuera à nous assurer les moyens d'arriver plus tôt à des voies moins dispendieuses et plus rapides de communication et de transport, autre source de progrès industriels, agricoles et de civilisation, dont on ne peut guère maintenant mesurer toutes les conséquences à venir.

La plupart des améliorations que je viens de signaler sont dues aux applications à la Métallurgie, des découvertes de la chimie et de la physique, sciences auxquelles les arts industriels doivent la plupart de leurs perfectionnemens. C'est ainsi que l'un de nos premiers physiciens, M. Pouillet, qui s'est livré depuis long-temps à des *recherches sur les hautes températures, et sur les phénomènes qui en dépendent*, vient de soumettre à l'Académie des sciences le résultat d'intéressans travaux qui me paraissent destinés à faire faire un nouveau pas à la Métallurgie. En effet, l'ingénieux *pyromètre à air* qu'il a imaginé pour mesurer les températures élevées, permettra, je n'en doute pas, de pouvoir se rendre un jour compte de bien des phénomènes jusqu'ici encore inexpliqués de la marche souvent si irrégulière des hauts-fourneaux.

A l'aide de son appareil, M. Pouillet a pu facilement déterminer exactement le degré correspon-

dant au point de fusion des métaux, et aux différentes nuances de couleur qu'ils acquièrent à
mesure qu'ils s'échauffent. Ces résultats curieux
intéressent trop les métallurgistes pour ne pas
trouver place dans cet article; les voici :

525° cent. correspondent au rouge naissant.
700. . . . . au rouge sombre.
800. . . . . au cerise naissant.
900. . . . . au cerise.
1000. . . . . au cerise clair.
1100. . . . . à l'orange foncé.
1200 . . . . à l'orange clair.
1300 . . . . au blanc.
1400 . . . . au blanc éclatant.
15 à 1600. . . . . au blanc éblouissant.

Les différens degrés correspondans aux points
de fusion de la fonte, du fer et de l'acier sont les
suivans :

Les fontes blanches très-fusibles entrent en fu-
sion à. . . . . 1050°
Les fontes blanches peu fusibles à .   1100
Les fontes grises peu fusibles à. . .   1200
Les aciers les plus fusibles à. . . .   1300
Les aciers les moins fusibles à. . .   1400
Enfin les fers à. . . . . 15 ou 1600

La fabrication du fer, quand on ne l'obtient pas
directement, comme par la méthode catalane, se
divise en deux grandes opérations principales : la
première consiste à réduire et à fondre les minerais dans de très-grands fourneaux, pour en obtenir
de la fonte, qui est une combinaison de fer avec
un peu de carbone et des métaux terreux; et la seconde à affiner par différens procédés cette fonte,

pour en obtenir un fer malléable et dégagé des matières étrangères qui le rendaient dur et cassant.

Méthode catalane. Par cette méthode simple, prompte, et très-économique sous le rapport de l'établissement, encore en usage en Espagne, dans les Pyrénées et quelques autres points de la France, en Corse et en Italie, le minerai est directement converti en fer malléable et en acier dans des bas-fourneaux, c'est-à-dire sans qu'il soit nécessaire de fabriquer de la fonte, produit intermédiaire qui résulte, dans les autres usines, de l'emploi exclusif des hauts-fourneaux. Le foyer catalan est absolument semblable au fourneau d'affinage de la fonte : on y place le minerai, on le couvre et on l'entoure de charbon de bois ; on élève la température au moyen de soufflets dont le vent est ordinairement fourni par des trompes, et lorsque la matière a été suffisamment échauffée, que le minerai est réduit, l'ouvrier en forme une loupe que l'on forge immédiatement. Cette méthode ne convient qu'avec des minerais très-riches, comme les fers spathique, oligiste et hématite, dont une grande partie passe dans les laitiers ; en sorte qu'on éprouve des pertes assez considérables dans l'emploi des minerais.

La méthode généralement suivie maintenant dans tous les pays consiste à charger les minerais convenablement préparés avec le combustible et souvent de la *castine* (on appelle ainsi le fondant nécessaire pour faciliter la vitrification des matières étrangères mélangées avec les minerais), dans des *hauts-fourneaux*, ainsi appelés à cause de leur grande hauteur comparée à leur largeur ; ils ont depuis quatorze jusqu'à trente-cinq pieds de

hauteur quand on emploie le charbon de bois, et
de quarante à cinquante et même quelquefois jusqu'à soixante pieds quand on emploie le charbon
de terre. L'intérieur d'un haut-fourneau est composé d'un *creuset*, espace formé d'un carré long,
placé à la partie inférieure; il est destiné à recevoir la fonte à mesure qu'elle se produit dans l'intérieur. Ce creuset communique ordinairement
avec la partie supérieure appelée *cuve* par une
partie carrée droite ou un peu évasée par le haut,
qui prend avec le creuset le nom d'*ouvrage*; on
y pratique au dessus du creuset une ou plusieurs
ouvertures appelées *tuyères*, par où le vent est
lancé à l'aide de *buses* dans le fourneau. La cuve
est composée de deux parties coniques réunies base
à base, et dont l'inférieure, beaucoup plus sur-
baissée que l'autre, prend le nom d'*étalages*. Le
fourneau est terminé à la partie supérieure par une
ouverture plus ou moins large appelée *gueulard* ;
c'est par là que se charge le mélange de minerai
et de combustible à mesure que celui qui est dans
le fourneau descend. Lorsque le creuset est plein
de fonte, on la coule dans des rigoles ménagées
dans le sable ou dans des moules en fonte pour en
faire de grandes barres ou des plaques qu'on appelle *gueuses*; ou bien on la puise dans le creuset
même, pour en faire des objets de moulerie, tels
que des poêles, des marmites, etc., etc. A mesure
que le minerai se réduit et se convertit en fonte,
les matières étrangères se vitrifient et forment ce
qu'on appelle les *laitiers*; comme ils sont plus légers que le métal, ils s'en séparent naturellement
et s'écoulent sous forme de verre par la partie antérieure du creuset appelée *dame*, où l'ouvrier a

soin de toujours ménager une ouverture pour faciliter leur sortie continuelle.

. L'opération de la fonte des minerais dans les
hauts-fourneaux n'est jamais interrompue que
pour réparations ou par suite d'accidens; sa durée
est ce que l'on appelle un *fondage*. Les fondages
durent donc plus ou moins long-temps, selon la
résistance des matériaux employés à la construction des fourneaux. En France, la durée moyenne
n'est guère que de huit ou neuf mois; elle est souvent moindre, mais aussi il arrive que des fondages durent quinze ou dix-huit mois et plus. En
Angleterre, il y en a qui durent plusieurs années,
et on a cité plusieurs fourneaux qui ont marché
pendant dix ou douze, et même pendant vingt
ans *sans* arrêter. On coule ordinairement la
gueuse toutes les douze heures, quelquefois seulement toutes les vingt-quatre heures; mais dans
les fourneaux qui produisent de très-grandes
quantités de fonte, on est obligé de couler de six
en six ou de sept en sept heures, ou bien après
un nombre déterminé de *charges* (on appelle
ainsi la quantité de mine et de combustible qu'on
jette à la fois dans le fourneau : cette quantité
varie dans chaque pays, et souvent dans chaque
usine). Les dimensions du fourneau et la nature
du combustible qu'on emploie déterminent la
quantité de vent qu'il faut lancer; avec le coke ou le
charbon de terre, il faut une grande quantité de
vent; celle-ci dépasse quelquefois trois mille pieds
cubes par minute; aussi les personnes qui visitent
pour la première fois une de ces usines gigantes-
ques, ne peuvent voir sans un étonnement mêlé de
crainte les machines puissantes qui lancent par de

petiles ouvertures, et toujours avec un sifflement
considérable, une si grande quantité d'air dans le
fourneau. Avec le charbon de bois, la proportion
de vent à donner au fourneau est bien moindre ;
elle ne dépasse guère quinze cents pieds cubes;
mais dans beaucoup de nos usines, où les moteurs sont trop faibles, il arrive souvent que la
quantité de vent injectée dans le fourneau ne s'é-
lève pas à cinq cents pieds cubes par minute. La
fonte ainsi obtenue n'est ni malléable ni ductile ,
et ne peut servir qu'à fabriquer économiquement
par le moulage, soit direct, comme il vient d'être
dit, soit après une seconde fusion qu'on lui fait
subir, des objets pour lesquels ces propriétés ne
sont d'aucune utilité. Pour obtenir du *fer doux*,
c'est-à-dire ductile, malléable et susceptible d'ê-
tre soudé et de recevoir enfin toutes les formes
qu'on désire, il faut affiner la fonte, séparer par
conséquent le carbone et les matières étrangères
qu'elle contient encore. Les méthodes d'affinage
sont nombreuses et varient selon les pays et la
nature des combustiles qu'on emploie.

La méthode d'affinage le plus anciennement
pratiquée consiste dans l'emploi de petits fourneaux appelés *feux* ou *foyers d'affinerie, renardiè-
res*, etc., formés d'une cavité carrée longue d'environ deux pieds, avec une profondeur un peu
moindre, pratiquée dans un massif de maçonne-
rie, et adossée d'un côté à un mur supportant une
large cheminée, en sorte que le tout ressemble ,
aux proportions près, à une forge de serrurier ou
de maréchal. Le foyer est revêtu intérieurement
de plaques en fonte très-épaisses, dont l'une ,
celle qui est placée à la partie antérieure, est per-

cée pour laisser passage, au besoin', aux laitiers
qui se forment pendant l'opération.

Lorsqu'on commence l'affinage, on remplit la
cavité de poussière de charbon, appelée *brasque
légère;* on la bat bien et on ménage au milieu une
cavité hémisphérique que l'on appelle *creuset.* On
y place les morceaux de fonte à affiner, ou bien
l'extrémité d'une gueuse que l'on y fait avan-
cer à mesure qu'elle se fond ; puis on recouvre le
tout de charbon de bois. De forts soufflets servent
à élever convenablement la température en acti-
vant la combustion, et portent en même temps le
vent à travers le charbon sur la fonte. Lorsque
celle-ci entre en fusion, il se forme des scories à
la surface du bain. Pour faciliter l'accès de l'air,
brûler le carbone de la fonte et mettre le fer en liberté, l'ouvrier écarte ces scories et remue sans
cesse la fonte avec un ringard. A mesure que cet
effet se produit, le fer devient pâteux et se sépare
sous forme de grumeaux ; alors l'ouvrier les rassemble en une seule masse que l'on appelle *loupe*
ou *renard.* Lorsque cette masse est assez volumi-
neuse, il la saisit avec des pinces et la sort du
foyer ; son aide l'arrondit à coups de masse pour
réunir toutes les parties détachées ; puis ils la
portent au *martinet,* qui est un très-gros marteau
en fonte ordinairement mis en mouvement par une
roue hydraulique ; ce marteau, en comprimant
fortement la masse, en fait sortir le laitier, soude
et réunit toutes les parties du métal ; c'est ce qu'on
appelle *cingler la loupe.* Celle-ci ne prend pas au
premier cinglage la forme sous laquelle le fer est
ordinairement livré au commerce ; le cingleur lui
donne d'abord une forme de carré long, appelé

massiau, qu'il reporte au feu pour le réchauffer ; au second cinglage, elle est ordinairement divisée en deux pour former deux barres, et ce n'est qu'à la troisième ou quatrième chaude que la loupe se trouve entièrement forgée.

Depuis 1784 que des essais d'affinage de la fonte à la houille ont été faits en Angleterre, la méthode d'affinage du fer y a tout-à-fait changé ; c'est dans des fours à réverbère, appelés *fours à puddler*, que la fonte s'affine, et souvent après qu'elle a été convertie en *fine-métal*, c'est-à-dire après avoir été amenée à l'état de fonte blanche par une seconde fusion dans des foyers appelés *fineries* ou *mazeries*, où elle est exposée à un vent très-fort. On fait ordinairement plusieurs loupes avec une charge dans les fours à réverbère, et dès qu'elles sont formées, elles sont portées au marteau cingleur, puis passées plusieurs fois entre de gros cylindres cannelés en fonte dure, qui les étirent et séparent encore une partie du laitier qui a échappé à l'action du marteau ; elles prennent par ce premier corroyage la forme de barres ; mais ce n'est encore qu'un fer assez grossier. Ces barres sont découpées ensuite par morceaux à l'aide de grosses cisailles en fer, puis réchauffées par paquets de trois ou quatre morceaux, dans d'autres fours à réverbère appelés *fours de chaufferie*; quand ils sont arrivés au blanc soudant ou suant, on les étire de nouveau dans d'autres laminoirs à cannelures plus petites et graduées, de manière à donner aux barres les dimensions convenables. Ce procédé d'affinage, dit *méthode à l'anglaise*, a été introduit en France depuis une quinzaine d'années, mais il n'y est pratiqué que sur les points où il est facile de se procurer de la houille à un prix modéré; depuis lors on a imaginé un procédé mixte appelé *méthode champenoise*, qui consiste à puddler ou affiner à la houille la fonte obtenue au charbon de bois, et à étirer les massiaux au marteau, en les réchauffant avec de la houille ou du charbon de bois dans des bas-foyers.

On voit dans le dernier compte rendu des travaux des ingénieurs des mines, qu'en France, où l'industrie du fer est encore loin d'avoir acquis toute l'extension dont elle est susceptible, on comptait 502 hauts-fourneaux, dont 409 seulement ont été mis en activité en 1834; sur ce nombre, 29 marchent seuls à la houille ou au coke, et 8 à l'aide du charbon de bois et de la houille réunis; tout le reste marche avec du charbon de bois; il existait aussi 109 forges à la catalane; 1,570 feux d'affinerie, dont 1,260 en activité; 975 feux de chaufferie; 292 feux pour le travail de l'acier; ce qui porte le nombre total des fourneaux et feux qui existaient en France à 3,448, dont 2,944 seulement ont été en activité en 1834. Le nombre des mines était de 5,035, dont 4,042 ont été en activité; elles ont employé, conjointement avec les forges, 58,801 ouvriers, auxquels il faut joindre un nombre peut-être plus considérable d'hommes employés indirectement aux travaux des forges, soit pour le transport des matières premières, soit pour la carbonisation et l'abattage des bois, etc. La valeur créée par cette industrie s'est élevée à la somme de 107,415,756 francs. Le nombre et l'importance des usines et la quantité des produits n'ont pas cessé d'augmenter en France depuis 1834; et le seul département de la Haute-Marne a vu s'élever vingt-deux nouveaux hauts-fourneaux en 1835 et 1836.

M. Héron de Villefosse, dans sa *Richesse minérale*, évaluait en 1808 la production du fer en Europe à 383,100,000 quintaux métriques, ce qui était beaucoup trop élevé pour cette époque. M. Beudant l'a évaluée en 1830 à 15,324,000 ; mais dans son tableau, la production de la France, de la Russie, de la Suède et de l'Autriche est beaucoup trop exagérée, tandis que celle de l'Angleterre est bien au dessous de la réalité, ce qui compense au reste la différence et laisse le chiffre général, à peu de chose près, le même, en ajoutant toutefois le Danemarck et la Suisse, qui doivent aussi occuper leur place dans la liste des nations qui produisent du fer ; ainsi que la Pologne, qui, suivant des renseignemens qui m'ont été fournis par M. Adam Luzczewski, produit actuellement 150,000 quintaux avoir du poids de fer ; 100,000 sont produits par les forges du gouvernement, et 50,000 par celles des particuliers ; mais la banque de Pologne ayant affermé les forges de l'état, elle les met sur un grand pied, et elle espère en retirer dans quelque temps 200,000 quintaux métriques.

Tableau de la production du fer en Europe.

	Quintaux métriques.
Angleterre (1827).	7,098,000
France (1834).	2,200,000
Russie (1834).	1,150,000
Autriche (1829)	850,000
Suède (1825).	850,000
A reporter.	12,148,000

Report.	12,148,000
Prusse.	800,000
Hartz, Hesse et rive droite du Rhin.	600,000
Pays - Bas.	600,000
Ile d'Elbe, Toscane et côtes d'Italie.	280,000
Piémont.	200,000
Espagne.	180,000
Norwége	150,000
Danemarck.	135,000
Bavière.	130,000
Saxe	80,000
Pologne.	75,000
Suisse.	30,000
Savoie	25,000
Total.	15,433,000

Si l'on suppose maintenant à cette quantité de
fer une valeur moyenne de 50 francs par quintal,
on voit que l'Europe en fournit maintenant par
année pour la valeur énorme de 775,025,000 fr.,
qui représente au moins trois fois celle du produit
de tous les autres métaux réunis.

Parmi les données du tableau ci-dessus, plusieurs de celles qui n'ont pas de date ne sont peut-
être plus aujourd'hui très-exactes; mais, faute de
renseignemens précis plus récens, j'ai dû les conserver : d'ailleurs, l'industrie des forges ayant généralement pris de l'accroissement depuis une
vingtaine d'années dans la plupart des provinces
de l'Europe, on peut raisonnablement supposer
que plusieurs des chiffres sont plutôt beaucoup

au dessous qu'au dessus de la réalité ; par exemple, il paraît bien certain, d'après les données recueillies récemment par M. Leplay, en Angleterre, que le chiffre de ce pays se trouve exagéré jusqu'en 1830, mais que depuis lors, il est certainement inférieur au produit annuel.

Avant la découverte de l'Amérique par les Européens, en 1494, ses habitans ne connaissaient pas le fer ; le cuivre y était employé pour les instrumens et les armes ; aussi les peuples de cette contrée occupaient-ils un des derniers rangs dans l'échelle de la civilisation des peuples. Ce fut seulement en 1730 que les premières usines des Etats-Unis furent construites ; et depuis, malgré les entraves que les Anglais, jaloux de la prospérité de cette colonie, apportèrent au développement de cette industrie, l'exploitation du fer y a pris une grande extension, et, suivant les renseignemens que m'a fournis M. Michel Chevalier, on peut en évaluer aujourd'hui la production annuelle à 8 ou 900,000 quintaux ; elle augmente continuellement, « et le temps n'est pas éloigné, dit Karstein, où l'on verra les fers de l'Amérique débarqués et vendus dans les ports du continent européen ».

ARGENT.

La découverte de ce métal remonte, comme celle du fer, aux temps les plus reculés ; les contrées où il a été le plus anciennement exploité sont les environs du Pont-Euxin, la Grèce, la Macédoine, les bords du Rhin et l'Espagne, où il était surtout tellement abondant, que du temps des Phéniciens et des Carthaginois, on s'en servait pour fabriquer les objets destinés aux usages domestiques. Les fameuses mines du Laurium, en Attique, fournissaient une grande quantité d'argent, qui servit long-temps à soutenir la puissance des Athéniens. L'île de Siphnos possédait aussi des mines d'or et d'argent abondantes, dont le dixième, offert par les habitans à Apollon, formait un des plus riches trésors du temple de Delphes; mais elles furent submergées par les eaux de la mer, dans l'antiquité même. Les Lydiens, qui faisaient un commerce considérable d'or et d'argent, passent, d'après le témoignage d'Hérodote, pour les premiers peuples qui aient monnayé l'argent.

Ce métal est désigné, dans tous les anciens traités de chimie, sous le nom de *Métal de Diane* ou *de Lune*, et les alchimistes qui croyaient à la possibilité de la transmutation des métaux, en ont fait l'un des principaux buts de leur grand œuvre. L'argent ne présente pas une grande dureté; il est blanc, très-brillant, très-malléable et très-ductile; il est susceptible d'être réduit, comme l'or, par le battage en feuilles si minces, que le moindre souffle suffit pour les enlever, et l'on peut en faire des fils extrêmement déliés; sa ténacité est très-grande et sa pesanteur spécifique n'est que de 10,47, un peu plus de la moitié de celle de l'or; suivant M. Pouillet, il entre en fusion à 1000 degrés centigrades, d'où il suit qu'on peut le fondre facilement dans un petit fourneau à réverbère. Il est un peu volatil, surtout s'il est exposé à un courant d'air actif; il le devient davantage s'il se trouve allié à l'antimoine, au zinc, au plomb, à l'arsenic.

Les usages de l'argent sont nombreux ; il jouit depuis long-temps du privilége d'être l'un des signes représentatifs de la richesse sociale et de la valeur de tous les produits industriels. La monnaie d'argent de France est composée d'un alliage de cuivre au titre de 900/1000 d'argent, c'est-à-dire qu'elle renferme neuf parties d'argent contre une de cuivre ; l'argent employé dans l'orfévrerie et la bijouterie est également mélangé de cuivre à deux titres différens, et suivant des proportions déterminées par la loi : le premier à 950/1000 et le second à 800/1000. L'argent pur serait beaucoup trop mou. Ce que l'on appelle *vermeil*, en orfévrerie, n'est autre chose que de l'argent doré avec de l'amalgame d'or ; le fil d'or n'est également que de l'argent doré ; l'or serait trop mou pour être filé en fils très-fins seul. L'argent est encore employé en chimie et en pharmacie, pour la préparation du nitrate d'argent ou *pierre infernale*, de l'ammoniure d'argent et du chlorate d'argent et de soufre, employés comme *poudres fulminantes*.

L'argent existe dans la nature à l'état natif ou de métal, mais il contient toujours alors un peu de fer, de cuivre, d'or, d'arsenic, et ne se trouve jamais qu'avec les autres minerais, comme le sulfure, où il est ordinairement disséminé en petits filets ; cependant on a rencontré quelquefois des masses de 20 à 60 et même 100 kilogrammes d'argent natif. C'est du sulfure d'argent que l'on retire la plus grande partie de l'argent qui entre dans le commerce, si l'on en excepte cependant celui qui provient des minerais de fer hydraté remplis de filets d'argent natif et de chlorure d'argent, qu'on nomme *Pacos* au Pérou. L'argent se retire aussi de plusieurs autres espèces de minerais, appelés pour cette raison argentifères, et où il se trouve accidentellement à l'état métallique ou de sulfure; tels sont certains minerais de plomb, quelques minerais de cuivre, de mercure, etc. Dans les uns, le but principal de l'exploitation est l'argent lui-même, et dans les autres il n'est qu'accessoire et n'en est retiré qu'autant qu'il peut couvrir les frais d'extraction.

L'un des procédés les plus anciens pour retirer l'argent de ses minerais est fondé sur la propriété dont jouit le mercure de dissoudre ce métal; ce procédé, qu'on a appelé *par amalgamation*, est pratiqué, suivant M. Boussingault, dans la Colombie, avec toute l'habileté que l'expérience peut faire acquérir.

A Kongsberg, en Norwége, où existe la mine la plus riche de l'Europe en argent natif, on se sert de deux procédés pour extraire l'argent du minerai, l'amalgamation et l'*imbibition*, qui est fondée sur la propriété qu'ont le plomb et l'argent de se combiner ensemble. On fait fondre l'argent dégagé de sa gangue avec partie à peu près égale de plomb ; il en résulte un alliage contenant de 3o à 35 pour cent, qu'on soumet ensuite à la *coupellation* pour séparer le plomb. Je dirai, en parlant du plomb, en quoi consiste cette dernière opération.

A Freyberg, les minerais argentifères sont des sulfures mélangés de pyrites de fer et de cuivre, et ne contenant que deux à trois millièmes d'argent. On les grille d'abord dans des fours à réverbère, avec du sel marin, puis on les réduit en

poudre très-fine, qu'on introduit dans des tonneaux traversés par un axe horizontal, avec 5o
pour cent d'eau et 6 pour cent de petits disques
en fer; on fait tourner le tout, au moyen d'une
roue hydraulique, pendant environ une heure,
pour imbiber le minerai et dissoudre tous les sels
solubles qui se sont formés pendant l'opération
du grillage; puis on ajoute 5o pour cent de mercure, ordinairement 5oo livres, et l'on continue
à remuer le mélange durant seize ou dix-huit
heures, pendant lesquelles l'amalgamation se fait,
c'est-à-dire que l'argent métallique très-divisé
qui résulte de la réaction du fer sur le chlorure
s'unit au mercure. L'amalgame est retiré des tonneaux, lavé et placé dans des sacs de coutil, où
on lui fait éprouver une forte pression, pour en
séparer l'excès de mercure qui passe à travers les
mailles, ne retenant qu'une très-petite quantité
d'argent, tandis que l'amalgame solide reste dans
les sacs. Pour séparer ensuite l'argent, on fait
subir au mélange une espèce de distillation; le
mercure se volatilise et va se sublimer dans des
appareils disposés pour le recevoir, tandis que
l'argent reste.

Au Mexique et au Pérou, les minerais sont souvent mélangés d'argent natif, de sulfure et de
chlorure d'argent, d'argent rouge et d'argent antimonial, de sulfure de fer et de cuivre, d'oxide
de fer, de silex et de spath calcaire; c'est aussi
par l'amalgamation, mais pratiquée différemment,
que se traitent ces minerais d'argent. On les place,
réduits en poudre, dans une cour bien dallée; là,
on les mêle avec deux et demi pour cent de sel
marin, on abandonne le mélange pendant quel-

ques jours ; puis on y ajoute de la chaux éteinte , s'il s'échauffe trop , ou des pyrites de fer et de cuivre grillées , s'il reste froid. Quelques jours après ce nouveau mélange , on commence à incorporer le mercure en le répandant uniformément sur la masse , qui a une consistance de boue. On la fait fouler , soit par des hommes qui marchent dedans nus-pieds , soit par des chevaux ou des mulets qu'on y fait courir en tournant plusieurs heures de suite , en ayant soin d'y ajouter , selon les circonstances , de la chaux , des pyrites ou du mercure. Quand tout l'argent est uni au mercure, ce qui n'a quelquefois lieu qu'après plusieurs mois , on lave le tout à grandes eaux ; les matières salines et terreuses sont entraînées ; l'amalgame seul reste au fond des vases. On en retire ensuite l'argent par la distillation , comme à Freyberg.

Il existe encore plusieurs procédés, basés sur les mêmes principes, pour extraire l'argent des minerais argentifères qui sont souvent encore moins riches que ceux de Freyberg ; ils varient suivant la nature de ces minerais et des métaux dont ils dépendent , et comme l'extraction de l'argent se rattache plus particulièrement à l'extraction de ceux-ci, nous n'en parlerons pas ici ; j'ajouterai seulement qu'on commence dans quelques exploitations à préférer l'emploi du plomb à celui du mercure. Les minerais sulfureux sont grillés en tas ou dans un fourneau à réverbère ; ensuite on les mêle avec du sous carbonate de soude, de la litharge et du plomb métallique. On fond le mélange , après l'avoir humecté, dans un fourneau à manche, et l'on obtient une *matte* de plomb très-riche en argent et débarrassée de la plupart des métaux et matières étrangères qui passent dans les scories. Ce plomb argentifère est ensuite soumis à la coupellation dont il sera question au paragraphe suivant.

Héron de Villefosse avait calculé à 3,784,029 marcs la production totale de l'argent, que M. Beudant ne porte, pour 1830, qu'à 3,561,382 marcs, dont la valeur absolue serait de 190,801,635 fr.; mais ces évaluations sont bien au dessous de la réalité, car l'exploitation de l'argent, comme celle des autres métaux, a toujours été croissant depuis un certain nombre d'années, et la Russie, qui comptait à peine, il y a quinze ans, parmi les pays qui fournissent de l'argent, en produit aujourd'hui presque autant que l'Autriche, le pays qui en fournit le plus en Europe; les mines de la Russie sont toutes situées en Asie. Pendant les dernières révolutions qui ont enlevé à l'Espagne la plupart de ses colonies, la production de l'argent avait beaucoup diminué en Amérique, mais depuis, les exploitations y ont repris plus d'activité que jamais.

Tableau de la production générale des mines d'argent.

AMÉRIQUE. Mexique.	2,196,126	
Pérou.	573,984	
Buenos-Ayres.	542,578	
Chili (1833).	184,364	3,629,230
États-Unis.	130,928	
[Colombie	1,250	

A reporter. 3,629,230

48

	· *Report.*		3,629,230

Europe. .	Autriche (1829).	85,489	
	Saxe (1832).	65,885	
	Hartz	36,000	
	Prusse (1826)	20,471	
	Norwége	14,729	
	Angleterre.	12,000	
	France	6,627	
	Suède	6,044	257,445
	Nassau	3,500	
	Savoie.	2,500	
	Anhalt-Bernbourg Saxe-Cobourg . . .	2,000	
	Souabe	1,600	
	Pays-Bas (Vedrin). . . .	700	
	Baden.	200	
Asie . . .	Russie (moyenne de 1827 à 1835 inclus).		77,252
	Thibet (quantité inconnue).		

Total en marcs. 3,963,627
Total en kilogrammes. . . . 970,105

On voit par le tableau ci-dessus que les États-Unis, qui jusqu'ici n'avaient pas été compris parmi les pays producteurs d'argent, en fournissent au contraire annuellement pour une valeur d'environ 5,700,000 francs. En effet, il a été frappé, dans l'espace de quarante et un ans, de 1795 à 1836, dans les états de l'Union, pour 43,133,662 dollars en argent, auxquels j'ai ajouté un quart pour la quantité de métal employé dans les arts ou qui s'exporte en lingots, et j'en ai déduit la production moyenne annuelle. Les États-Unis font faire en ce moment de nombreuses recherches géologiques et minéralogiques qui auront nécessairement de l'influence sur la prospérité future de l'industrie minérale du pays ; et chose digne de remarque, c'est que le seul état de New-York a accordé à ce sujet un demi-million pour l'exécution de la topographie géologique de son territoire.

Suivant M. de Rivero, les mines du Pérou n'auraient fourni en 1820 que 455,000 marcs d'argent. D'après des renseignemens que m'a fournis M. Boussingault, la Colombie doit être portée pour ses mines de Santa-Anna, qui fournissent annuellement 15,000 onces d'argent à 0,75 environ de fin, pour 1,250 marcs, quantité correspondante convertie au 1000/1000ᵉ de fin. Si l'on suppose maintenant au kilogramme d'argent une valeur de 218 fr. 88 c., cours des changes, la production connue de l'argent s'élevera à la somme de 212,339,458 fr., dans laquelle la production de l'Europe ne figure que pour 13,775,650, représentant la valeur de 62,937 kilogrammes d'argent, un peu plus de la onzième partie de la production totale; tandis que dans cette quantité considérable d'argent fournie chaque année au commerce, on voit que l'Amérique, au contraire, en produit dix fois autant que l'Europe et l'Asie. Les mines d'argent de Kongsberg en Norwége sont devenues plus productives depuis quelques années; elles ont produit depuis 1830 pour une valeur de 700,000 spécies papier, ou une moyenne annuelle de 791,000 francs. La Saxe seule, qui donne depuis long-temps plus du quart de tout l'argent qui se retire des mines d'Europe, en a fourni au commerce, depuis l'année 1700 jusqu'en 1832, 5,323,667 marcs, c'est-à-dire pour une valeur de 647,703,434 francs; cependant, qu'est-ce que la production de la Saxe auprès de celle du Mexique, par exemple, dont les mines d'or et d'argent réunies produisent ac tuellement pour 27 millions de dollars (146 millions de francs), ce qui indique une augmentation de produit de 12 à 14,000,000 sur ceux portés aux tableaux? On se demande, après de tels aperçus, où peut passer la masse énorme d'argent annuellement lancée dans le commerce? La plus grande partie est employée par les orfévres, le reste est monnayé. Certaines industries en consomment des quantités considérables; et la seule ville de Birmingham, par exemple, en emploie chaque année, dans ses fabriques de plaqué, pour une valeur de 2,226,660 francs.

OR.

La découverte de l'or, comme celle des précédens métaux, remonte à la plus haute antiquité. La plupart des auteurs anciens nous ont laissé des documens précieux sur le commerce et l'exploitation des mines chez les peuples de l'antiquité, et nous apprennent que les contrées qui fournissaient le plus d'or furent quelques provinces de l'Inde et d'autres contrées situées dans la partie méridionale de l'Asie, où les Phéniciens envoyaient leurs caravanes l'échanger contre leurs produits manufacturés, et il paraît bien certain aussi que ce peuple de navigateurs étendit ses relations jusqu'à l'île de Ceylan, où il fit le commerce des pierres précieuses et échangea également ses produits contre l'or des peuples sauvages des côtes méridionales de l'Afrique. En Lydie, le mont Tmolus et le Pactole, fleuve célébré par tous les poètes, en fournissaient beaucoup, principalement à la Grèce où il servait pour les statues des

dieux et l'ornement des temples ; et comme très-
probablement , ainsi que l'a déjà supposé M. Aug.
Perdonnet dans un article très-intéressant sur l'*histoire et la statistique de l'industrie minérale*, considérée sous le rapport de son influence sur la
prospérité des états (*Journal du capitaliste*), on
employa dans les temps les plus reculés , comme
on le fait encore de nos jours , des toisons placées
en travers du lit des fleuves pour recueillir les
paillettes d'or qu'ils charriaient, c'est à cette circonstance qu'est due la fable de la toison d'or qui
n'est qu'une ingénieuse allégorie destinée à rappeler la manière dont se recueillait l'or dans la Col-
chide, et qui donna lieu à la fameuse expédition des
Argonautes dans cette contrée du Pont. L'Egypte
fournit aussi de grandes quantités d'or, et les
Egyptiens, dit Hérodote, renversèrent des montagnes entières pour rechercher ce métal. Les
mines célèbres des monts Pengées, qui séparaient
la Thrace de la Macédoine, abandonnées depuis
long-temps, ayant été reprises par Philippe roi de
Macédoine, il en retira un revenu annuel de plus
de mille talens d'or (plus de 5,400,000 francs),
à l'aide duquel il put réduire successivement tous
les peuples de la Grèce sous son obéissance, et
préparer ainsi les conquêtes d'Alexandre le Grand
son fils. Vers cette époque, les Phocéens s'étant
emparés dans le temple de Delphes des offrandes
en or que les rois de Lydie y envoyaient depuis
long-temps à Apollon, la masse de ce métal s'ac-
crut tellement dans le commerce, que son rapport
avec l'argent ne fut plus pendant quelque temps
que de 1 à 10, au lieu de 1 à 13, rapport anté-
rieur. Enfin en Europe, l'Espagne et la Transyl-

vanie produisirent aussi de l'or dès la plus haute antiquité.

La valeur de ce métal, sa beauté et son inaltérabilité l'ont naturellement fait rechercher de tous les peuples ; aussi les alchimistes l'ont-ils regardé comme la pierre philosophale de leurs pratiques mystiques pour obtenir la conversion des métaux en or et en argent. Ce métal a beaucoup d'éclat ; il est d'un jaune d'or plus ou moins pur ; quelquefois il est blanc-jaunâtre, verdâtre ou rougeâtre, selon les métaux avec lesquels il se trouve allié. C'est le plus ductile et le plus malléable de tous ; on en fait des fils très-fins et on le réduit comme l'argent par le battage en feuilles tellement minces, qu'elles transmettent à travers leurs pores une clarté bleu-verdâtre. Quatre cents pouces carrés d'or ainsi préparé, sous la forme d'un livret renfermant vingt-cinq feuilles, ne se vendent que 1 franc 30 centimes, et ne contiennent qu'un grain et demi à deux grains d'or brut. Sa ténacité est très-grande, quoiqu'il ne soit pas beaucoup plus dur que le plomb. L'or est, après le platine, le plus lourd des métaux ; sa pesanteur spécifique, à l'état de pureté, est de 19,257, tandis qu'à l'état naturel elle est bien plus faible et varie beaucoup. Il est moins fusible que l'argent, et ne fond, suivant M. Pouillet, qu'à 1,200 degrés centigrades ; il n'est point volatil.

Dans les premiers âges du monde, avant la découverte des métaux, ou de leur emploi dans les arts, les échanges s'opéraient en nature ; mais à mesure que la civilisation augmenta, et qu'avec elle les besoins de l'homme devinrent plus étendus et plus variés, il fallut faire choix des matières les plus précieuses susceptibles de se diviser et de mesurer la valeur de tous les articles qu'on ne pouvait se procurer par l'échange d'autres objets. De ces besoins toujours croissans est venu l'usage des monnaies qui n'ont qu'une valeur purement conventionnelle, usage qui s'est successivement introduit chez toutes les nations civilisées. La rareté de l'or, sa ductilité, sa malléabilité et la facilité avec laquelle on le travaille, l'ont fait presque exclusivement choisir avec l'argent et le cuivre comme signe représentatif de la richesse des nations. Les anciens ont bien aussi employé dans le même but quelques autres substances, telles que le fer; mais, outre que ce métal avait peu de valeur, le volume qu'on était obligé de donner aux pièces les rendait très-incommodes et ne pouvait convenir qu'à des époques où les relations de peuple à peuple étaient de peu d'importance. Depuis quelques années, le gouvernement russe a introduit chez lui l'usage de la monnaie de platine, mais il est assez douteux qu'il se propage de sitôt chez les nations voisines; du reste, la pesanteur de ce métal sera un obstacle à la falsification de ces monnaies. L'or employé pour la monnaie française n'est pas pur; il serait trop mou pour conserver long-temps les formes qu'on lui impose; il est, comme l'argent, allié au cuivre, dans la proportion de 900 parties d'or sur 1000. Les autres alliages d'or et de cuivre pour la bijouterie et l'orfévrerie sont fixés par la loi à trois seulement, qui se composent, l'un de 80 parties de cuivre et 920 d'or, un autre de 160 de cuivre et 840 d'or, et enfin le troisième de 250 de cuivre et 75o d'or. Les différentes proportions dans lesquelles l'or est allié au cuivre sont ce qu'on appelle son *titre* ou sa valeur intrinsèque; on dit de là que l'or est au titre de neuf cents millièmes, qu'on écrit 900/1000mes, pour exprimer l'alliage qui sert à la confection des monnaies, ou bien aux titres de 920/1000mes, 840/1000mes et 750/1000mes, pour exprimer les différens alliages usités dans les arts. L'alliage de l'or et de l'argent est rarement employé, parce qu'une petite quantité d'argent affaiblit de suite la couleur de l'or, tandis que le cuivre rehausse l'éclat de ce métal, le rend plus dur, sans diminuer beaucoup sa malléabilité; cependant l'*or vert*, dont on fait quelquefois usage en bijouterie, est un alliage de 708 parties d'or pur avec 292 parties d'argent. L'or sert encore pour la dorure sur bois, métaux, porcelaines, etc.; le *pourpre de Cassius*, l'une des plus belles couleurs employées dans la fabrication des porcelaines, est un mélange en proportions variables d'or et d'étain traités par les acides. Enfin, l'oxide et l'hydrochlorate d'or sont quelquefois administrés en médecine contre les maladies syphilitiques.

L'or ne se présente jamais dans la nature qu'à l'état natif; mais il paraît qu'il n'y existe pas absolument pur; il est toujours allié avec de l'argent dans des proportions qui varient beaucoup. On peut ranger parmi les minerais d'or la plupart des tellures qui, sous les noms de *tellure natif auro-plombifère, or gris jaunâtre, tellure auro-argentifère, or graphique, or blanc dendritique*, etc., contiennent depuis 7 jusqu'à 3o pour cent d'or, et sont exploités comme mine d'or; et enfin toutes les

matières aurifères, telles que certains sulfures d'arsenic, de zinc, de fer, de cuivre, de plomb, d'argent, etc., qui sont quelquefois exploitées pour en
extraire ce métal précieux, lorsque la quantité
qu'elles en renferment peut compenser les frais de
l'opération. L'extraction de l'or, dans ces derniers
cas, n'est souvent qu'une annexe aux opérations
métallurgiques qu'on exécute pour l'extraction des
matières principales qui constituent ces gîtes de
minerais aurifères ; c'est ainsi qu'on retire huit à
dix marcs d'or seulement sur 200,000 quintaux,
des minerais d'argent, plomb, cuivre, du Ra-
melsberg, qui ne contiennent que $1/29000000^{me}$
d'or ; les pyrites arsénicales du Tyrol n'en contiennent que $1/100000^{me}$.

L'exploitation des sulfures aurifères s'exécute
de deux manières, ou par fusion, ou par amalgamation. Dans le premier cas, on commence par
griller les minerais pour en séparer le soufre, l'arsenic, et brûler une partie des métaux oxidables ;
on fond ensuite pour rassembler l'or dans une
masse métallique moins considérable ; on grille
les mattes qui en proviennent et on les refond
avec une suffisante quantité de plomb, afin d'en
obtenir un *plomb d'œuvre aurifère* que l'on soumet
à la coupellation. Les minerais très-riches sont
fondus sans être grillés avec du plomb, puis également soumis à la coupellation.

Le procédé d'amalgamation est plus économi-
que et donne de meilleurs résultats. Quand le minerai est pauvre, on lui fait subir un grillage préalable ; lorsqu'il est riche, au contraire, que l'or
natif y est disséminé en morceaux visibles dans
une gangue quartzeuse, on le broie directement

avec le mercure, comme pour l'amalgamation de certains minerais d'argent ; seulement on n'ajoute ni sel marin, ni chaux, ni pyrites. On peut encore se servir des tonneaux tournans ; on y place 100 parties de mine aurifère réduite en poudre, 5o parties de mercure, 3o d'eau et 6 de petites plaques de fer. Les sulfures se divisent dans l'eau pendant l'opération qui dure seize à dix-huit heures, y demeurent suspendus, tandis que l'or se précipite en poudre très-fine et s'unit au mercure. On lave ensuite l'amalgame, puis on le soumet à la distillation.

Affinage.

L'or provenant du traitement par le plomb contient presque toujours de l'argent, du cuivre, du fer, de l'étain. Pour séparer les trois derniers métaux, on est obligé de le soumettre à une opération que l'on appelle *poussée*, laquelle consiste à le fondre avec du nitre pour oxider ces métaux. L'or obtenu par amalgamation ne contient que de l'argent ; pour séparer celui-ci, on a recours à une autre opération qu'on appelle *départ*, laquelle consiste à traiter par l'acide nitrique, ou mieux l'acide sulfurique, qui dissout l'argent et laisse l'or à nu au fond des vases qu'on emploie pour cette opération. On le réunit dans un creuset et on le fait fondre en y ajoutant un peu de nitre. Le résultat est ce que l'on appelle l'*or de départ* qui est très-pur.

La quantité d'or qu'on obtient par ces différens moyens est peu considérable ; la plus grande partie de celui qui est livré annuellement au commerce provient du lavage des sables aurifères. Il n'y a simplement alors qu'à fondre le métal pour le mettre en lingots et le livrer au commerce.

Voici, d'après le docteur Campbell, le procédé employé dans l'Inde pour affiner l'or impur qui provient des sables aurifères : on fond le métal en lames très-minces, de l'épaisseur et de la forme d'une carte à jouer; puis on le cimente de la manière suivante : l'affineur se procure de vieilles briques, les plus vieilles possibles : il les pile en poudre fine. Cette poudre est mêlée avec du sel et du borax, dans les proportions suivantes: brique pilée 2 parties, sel marin 1, borax $1/10^{\text{me}}$. On enduit les lames d'or d'huile de moutarde, et on les empile au nombre de 80 et plus, en plaçant sur chacune d'elles une couche du ciment ci-dessus. On les recouvre de fumier de vache sec, qu'on allume et laisse brûler lentement, après quoi l'or est examiné à la pierre de touche. L'opération, qui dure vingt minutes, se répète un grand nombre de fois si l'or est très-impur ; mais trois ou quatre opérations suffisent en général. L'or est, après cela, fondu et mis en lingot.

La théorie de ce procédé, qui est pratiqué dans toute l'Inde et avec quelques différences en Amérique, est facile à comprendre depuis les recherches de M. Boussingault. Elle se fonde sur l'action du chlore dégagé du sel marin par les influences réunies de la silice et de l'alumine, de la brique pilée et des vapeurs d'eau que doit contenir le combustible, sur les métaux alliés à l'or, l'argent et le cuivre. La propriété des chlorures formés d'êtres volatils par l'action de la chaleur, permet à la surface de l'or de rester pure et de nouveau attaqua-

ble par le chlore qui continue à se reproduire.
Aussi, en traitant par le mercure le ciment qui
reste après l'affinage, on en retire une certaine
portion d'argent. Il ne serait pas impossible que
le sel ammoniac, qui doit se produire en abondance dans la combustion du fumier de vache, ne
fût pour quelque chose dans la réussite du procédé, en formant des chlorures doubles plus volatils, et cela expliquerait le singulier choix du
combustible qui paraît être toujours le même dans
tout pays.

Les sables aurifères couvrent au Brésil un espace
immense, et l'or s'y trouve en abondance avec le
platine, le diamant, etc.; on retrouve également
ces sables avec des circonstances géologiques parfaitement analogues, au Chili, dans la Colombie,
dans la Nouvelle-Grenade, au Mexique, au Pérou,
aux Etats-Unis, etc., et ils paraissent y appartenir,
comme ceux de l'Oural et de la Sibérie, de la Hongrie, de la Transylvanie, etc., à une époque géologique très-moderne. Il est donc probable que
c'est dans des sables analogues que s'exploite l'or
dans la partie méridionale de l'Asie, dans l'archipel Indien et en Afrique, principalement dans le
Kordofan, entre le Darfour et l'Abyssinie, dans les
environs de Bambouck et au pied des montagnes
qui donnent naissance au Niger, au Sénégal et à la
Gambie. L'or se trouve dans ces sables en petites
lames sur diverses gangues, en paillettes isolées
ou en grains, dont les plus gros portent le nom
de *pépites*. Quelques unes de ces pépites, trouvées
dans les sables aurifères de l'Oural, pèsent de
deux à trois puds, et on a même annoncé qu'on
en avait rencontré qui ne pesaient pas moins de

18 à 20 pnds. Le pud égalant 16,3592 kilogrammes, il en résulterait que ces pépites contenaient pour plus d'un million d'or, ce qui est fort douteux. Il est donc probable qu'il y a eu erreur dans l'évaluation, car la plus grosse pépite d'or naturel que possède le Muséum royal de Madrid, et qui provient des mines d'Amérique, ne pèse que quatre livres.

M. Beudant porte la quantité d'or extraite chaque année dans l'ancien et le nouveau monde à 88,100 marcs, qui représenteraient une valeur d'à peine 40,000,000 de francs ; mais cette évaluation, comme on le verra par le tableau ci-après, est beaucoup trop faible.

Tableau du produit général des mines d'or.

		Marcs.	
Amérique.	Brésil (moyenne de 311 ann.).	20,257	
	Mexique (1834)	18,594	
	Colombie (1825)	18,388	
	Chili	11,468	85,554
	États-Unis (1834)	11,154	
	Pérou (moyenne de 311 ann.).	3,625	
	Buénos-Ayres	2,067	
Asie.	Russie (moyenne de 1830 à 1835 inclus).	24,441	
	Thibet.	12,490	44,409.
	Archipel Indien	5,478	
	Asie méridionale.	2,000	
Afrique.	Côtes méridionales de l'Afrique		16,400
Europe.	Autriche (1829)	4,584	
	Grand-duché de Bade (1829).	110	
	Piémont.	25	4,736
	Hartz.	10	
	Suède (1825)	7	
	Total en marcs		151,098
	Total en kilogrammes.		36,982

qui à 3434 fr. 44 c. , cours de l'or aux changes

des monnaies, donnent une valeur absolue de 127,013,377 francs, dans laquelle la production de l'Europe ne figure que pour la somme de 3,986,423 francs, ou environ la vingt-neuvième ou trentième partie de la production totale. Les seules mines de quelque importance sont celles de la Hongrie et de la Transylvanie; car celles de Russie, qui ont produit 49,093 kilogrammes d'or de 1827 à 1835, et dont la production moyenne annuelle est, à partir de 1830, époque où elles ont commencé à prendre le plus de développement, de 6,031 kilogrammes d'or, sont toutes situées en Asie, dans les chaînes du Caucase, de l'Altaï, et principalement dans celle de l'Oural, qui en fournit la plus grande partie.

Le Thibet, qui paraît avoir produit de l'or dès la plus haute antiquité, puisque, d'après le savant M. Heeren, les Phéniciens allaient déjà l'y chercher, ainsi que dans le Cobi et plusieurs autres contrées de l'Inde, en fournit peut-être aujourd'hui autant que la Russie, car il s'en exporte en Chine et au Bengale d'assez grandes quantités, ainsi que des diamans, des perles, du cuivre, du cinabre, du plomb, du fer, du blanc de céruse, etc., et il reçoit de ces états, en échange, du mercure, des porcelaines, des étoffes brochées d'or et d'argent, des monnaies d'argent, etc. Le Népaul seul reçoit annuellement du Thibet pour plus de 5 millions d'or; ce métal y est surtout employé pour ornemens. Les femmes portent des lingots d'or en losanges suspendus à leur cou par un ruban, ou un anneau d'or massif placé à la partie supérieure de l'oreille. Les officiers garnissent aussi leurs armes et leurs uniformes de ce précieux métal, et en font de pesantes chaînes qui contribuent beaucoup à leur brillante apparence. On voit par là que je suis certainement resté beaucoup au dessous de la réalité, en ne portant la production de l'or au Thibet qu'à environ la moitié de celle de la Russie, c'est-à-dire à un peu plus de 3,000 kilogrammes.

J'ajouterai encore que, sur un grand nombre de points de la vaste péninsule occupée par les Anglais en Asie, des paillettes d'or se sont présentées, soit dans le lit des rivières, soit dans le sol lui-même, en assez grande abondance pour être exploitées par les habitans; et récemment le gouverneur de Madras a envoyé des inspecteurs et ordonné l'enregistrement de tout l'or que produiraient les mines de Calicut, déjà connues depuis long-temps. Des recherches récentes ont fait voir que le sol aurifère ne donne qu'un grain d'or pour 66 livres, ce qui est bien peu, comparé aux sables d'Afrique, qui en donnent souvent 36 grains pour la même quantité. Aussi, les mines de Calicut ne paraissent pas fournir plus de 750 onces, c'est-à-dire pour une valeur d'environ 100,000 francs par année; mais l'exploitation en devient plus active et pourra augmenter beaucoup.

Les mines d'or de l'Espagne jouissaient dans l'antiquité d'une assez grande célébrité à cause de leur abondance. Il n'en est pas plus question aujourd'hui que de quelques mines qui existent également en France, mais qui ne sont pas assez riches pour donner lieu à une exploitation profitable. Beaucoup de rivières de l'Europe, comme le Pactole des anciens, roulent avec leurs sables des paillettes d'or qui donnent quelquefois lieu à une exploitation plus ou moins lucrative; des hommes appelés *orpailleurs* ou *pailloteurs* sont exclusivement occupés de ce genre de travail, auquel ils gagnent depuis 2 fr. 50 jusqu'à 5 et 6 francs par jour, selon le plus ou moins d'abondance du métal. Parmi les rivières qui charrient de l'or, en France, on compte le Rhin, dont les sables contiennent aussi une petite quantité de platine, le Rhône, l'Ariége, la Cèze, l'Hérault, la Garonne, le Salat, etc., etc. Quelques parties de l'Allemagne, l'Espagne, la Grèce continentale, la Macédoine et la Thrace ont également des rivières qui charrient des paillettes d'or.

Depuis plusieurs années, l'exploitation de l'or a pris une grande extension aux États-Unis d'Amérique. En 1824, il n'en fut envoyé à la monnaie fédérale que pour 5,000 dollars; mais successivement cette quantité s'est augmentée, et en 1833 elle était déjà de 868,000 dollars. Aujourd'hui elle dépasse 900,000, c'est-à-dire plus de 4,700,000 fr. La Caroline du sud en fournit au moins la moitié à elle seule. Les autres états ayant des mines d'or sont la Virginie, la Géorgie, le Tennessée et l'Alabama, dont les territoires se touchent et forment la partie sud-ouest de l'Union américaine. On suppose que la production est généralement double de la quantité versée à la monnaie.

D'après M. Eschwège, l'extraction de l'or au Chili avait presque doublé de 1752 à 1761; elle était montée à 28,000 marcs par an, mais ce taux ne s'est pas maintenu.

Il s'est formé depuis plusieurs années en Angleterre des associations pour l'exploitation des mines du Nouveau-Monde, dont les capitaux réunis s'élèvent à la somme énorme de 12,060,000 livres sterling, 301,500,000 francs. Ces entreprises, si elles réussissent, exerceront nécessairement une influence particulière sur l'Angleterre, en lui procurant des bénéfices considérables, et sur les différens états de l'Amérique, en leur assurant tous les avantages qui résultent de la circulation d'une grande masse de capitaux.

M. Crawfurd assure que l'archipel Indien produit au moins le tiers de l'or fourni par les côtes d'Afrique, qui en produiraient une quantité double de celle donnée par les mines de l'Autriche et de la Russie, bien entendu avant que l'on connaisse les véritables produits de ce dernier état, c'est-à-dire environ 16 ou 17,000 marcs. Sans une parfaite connaissance des quantités d'or et d'argent recueillies depuis la découverte du Nouveau-Monde, il serait difficile de se faire une idée exacte de la quantité de numéraire mis en circulation; le Mexique seul en a monnayé, année commune, depuis 1733 jusqu'en 1828, pour une valeur de 800,429,533 francs. Les Etats-Unis ont frappé, de 1795 à 1836, pour 21,000,000 de dollars en or, 113,820,000 francs. L'année dernière, M. Faraday, a déclaré, dans son cours sur les métaux, que la quantité d'or qui avait été monnayée en Angleterre depuis 1558, époque de l'avénement au trône d'Elisabeth, jusqu'en 1835, s'élevait à 3,350,568 livres troy, ou en valeur de France à 3,550,843,777 fr. La quantité d'or importée en Angleterre, dans les dernières années, peut s'élever à 14,000,000 de fr. par an. La plus grande partie de ce métal sert aux objets manufacturés, aux articles de joaillerie, et est réduit en feuilles extrêmement minces pour la dorure.

On pourra se faire une idée des quantités d'or
et d'argent employées dans l'orfévrerie, lorsqu'on
saura, par exemple, qu'en 1794, à l'époque de la
guerre d'Espagne contre la France, le conseil d'é-
tat, présidé par Charles IV, constata que les églises de la péninsule et des îles voisines possédaient
en ostensoires, calices, vases sacrés en or, en argent ou en vermeil, pour une valeur qui fut portée
à 1,104,000,000 de réaux de veillon (287,000,000 de
francs), dont le poids était de 43,000 arrobes, environ 510,000 kilogrammes. Les besoins de la
guerre d'alors, celle de 1808 et les réactions
de 1815 et 1823, ont notablement diminué la richesse des églises d'Espagne et du clergé, qui a toujours été considéré comme le plus richement doté
de l'Europe; et, en effet, en 1804 son revenu annuel en biens-fonds était évalué à 98,000,000 de
francs, et le casuel au double de cette somme. L'ar-
chevêque de Tolède avait 2,750,000 francs de revenu annuel, celui de Séville 1,000,000, et tous
les autres archevêques et évêques n'avaient pas
moins de 150,000 francs.

Depuis la découverte de l'Amérique, dont les
mines fournissent chaque année des quantités considérables d'or et d'argent, ces métaux ont bien
perdu de leur valeur; car les masses mises chaque
année en circulation accroissent continuellement
celle qui existe déjà dans le commerce, parce que les
mines en fournissent beaucoup plus qu'il ne s'en
détruit par l'usage; aussi le prix fictif des mar-
chandises s'est beaucoup élevé et s'élèverait encore si, au lieu d'être employé en grande partie
pour la fabrication des objets de luxe, presque
tout l'or et l'argent étaient convertis comme autre-

fois en monnaie. En effet, la production moyenne de l'Amérique en or et en argent étant estimée à 212,500,000 francs, il en résulterait que, depuis l'époque de la découverte du Nouveau-Monde, la masse totale de ces métaux fournie par elle s'élèverait à la somme effrayante de 73,737,500,000 fr.

De la production et de la consommation des métaux précieux.

† Depuis la découverte de l'Amérique, la plus grande partie de nos approvisionnemens d'or et d'argent nous est venue de cet hémisphère. A partir de l'époque où les mines américaines ont été exploitées, les rois d'Espagne et de Portugal en soumirent les produits à une taxe. On pourrait croire d'après cela que la perception de cette taxe aurait servi de moyen pour en connaître la quantité à différentes époques. Mais les états de recette furent soigneusement cachés aux yeux du public ; et d'ailleurs il est incontestable que des quantités considérables d'or et d'argent allaient au marché en échappant à la taxe.

Antérieurement à la publication de l'*Essai politique sur la Nouvelle-Espagne*, on avait déjà essayé à plusieurs reprises de faire des évaluations des quantités d'or et d'argent fournies par le Nouveau-Monde. Quelques unes de ces évaluations avaient même été tentées par des hommes supérieurs ; mais elles différaient tellement les unes des autres, que ces différences indiquaient assez que ces calculs ne reposaient sur aucune base solide, et qu'ils étaient entièrement hypothétiques. Ils sont tous, au surplus, tombés dans l'oubli depuis les recherches bien autrement laborieuses de M. de

Humboldt. Outre qu'il avait lu tout ce qui avait
été écrit à cet égard, et qu'il avait eu accès à des
sources difficiles d'information fermées à tous les
auteurs des recherches précédentes, M. de Humboldt connaissait parfaitement la théorie et la pratique de l'exploitation des mines, et il avait ex-
ploré lui-même plusieurs de celles du Nouveau-
Monde. « Les faits et les calculs de M. de Humboldt, dit M. Jacob, sont établis avec tant de
discernement et d'impartialité, qu'on peut leur ac-
corder une confiance presque illimitée. » Suivant
lui, l'approvisionnement des métaux précieux fournis par l'Amérique a été à peu près comme il suit :

	Moyenne par année évaluée en francs.
De 1492 à 1500.	1,330,000
1500 — 1545.	16,200,000
1545 — 1600.	59,400,000
1600 — 1700.	81,000,000
1700 — 1750.	121,600,000
1750 — 1803.	189,000,000

Cet accroissement extraordinaire de 1750 à 1803
eut lieu surtout au Mexique. Ce fut le résultat d'un
grand nombre de causes diverses, parmi lesquelles
il faut compter les progrès de la population dans
tout le pays ; ceux des lumières et de l'industrie ;
la liberté de commerce accordée à l'Amérique ;
les facilités nouvelles avec lesquelles on se pro-
curait le fer et l'acier nécessaires pour exploiter les mines ; l'abaissement du prix du mercure ; la découverte des riches mines de Catara et
de Valenciana, et enfin l'établissement du tribunal
des mines. Voici l'estimation du produit annuel
des mines au commencement de ce siècle.

Produits annuels des mines du Nouveau-Monde au commencement du dix-neuvième siècle.

DIVISION POLITIQUE.	OR. KIL.	ARGENT. KIL.	VALEUR DE L'OR et DE L'ARGENT.
Vice-royauté de la N.-Espagne.	4,609	537,512	124,200,000
Vice-royauté du Pérou....	782	440,478	133,696,000
Capitainerie générale du Chili.	2,807	6,827	11,424,000
Vice-royauté de Buénos-Ayres.	500	110,764	26,190,000
Vice-royauté de la N.-Grenade.	4,714		16,146,000
Brésil.	6,873		23,564,000
Totaux	17,294	795,584	234,900,000

Il résulte de ce tableau qu'au commencement du dix-neuvième siècle, le produit annuel des mines d'Amérique était de 234,900,000 fr., et à la même époque le produit annuel des mines de l'Europe réuni à celui des mines du nord de l'Asie n'était que d'environ 25,000,000 de francs.

La proportion de l'or à l'argent dans l'antiquité paraît avoir été dans le rapport de 12 ou 12 1/2 à 1. Cette proportion diminua dans le moyen-âge. Car au quatorzième siècle elle était comme 10 ou 10 3/4 à 1. Mais depuis la découverte des mines du Nouveau-Monde, la valeur de l'or s'est graduellement relevée, et elle est aujourd'hui, comparée à l'argent, dans le rapport de 15 1/2 à 1. Toutefois il ne faut pas supposer que ces fluctuations dans la valeur relative des métaux précieux soient précisément l'expression des quantités que l'on en apporte au marché; car elles résultent surtout des changemens qui s'opèrent dans le cours de leur production. Il y a des raisons de croire que la quantité d'or extraite des mines, ou obtenue par les lavages, ne s'est jamais élevée à la quinzième ou à la vingtième partie de la quantité d'argent extraite au commencement de ce siècle. La quantité de l'or produit était, en Amérique, comme 1 à 46, et en Europe comme 1 à 40. De 1800 à 1810, le produit des mines américaines continua à s'accroître; mais ce fut dans la dernière de ces années que commencèrent les troubles qui ont amené l'indépendance des Amériques espagnoles, et produit une révolution extraordinaire dans l'approvisionnement de l'or et de l'argent. Cette lutte fut surtout fatale à tous les grands établissemens, et spécialement aux mines. Elles appartenaient principalement aux vieux Espagnols que poursuivait partout la vengeance populaire, et qui émigrèrent pour la plupart en emportant avec eux tout ce qu'ils purent rassembler de leurs capitaux. Indépendamment du préjudice fait aux mines par le retrait de ces capitaux, plusieurs d'entre elles souffrirent encore un plus grand dommage; car les ouvrages de Guanaxuato, Valenciana, etc., furent détruits, et plusieurs mines, qui avaient échappé à ces injures directes, ayant été abandonnées par leurs ouvriers, furent inondées et cessèrent d'être exploitées. Il n'existe pas de moyen de faire une appréciation exacte du déclin du produit des mines depuis 1810. Mais M. Jacob, qui a réuni et comparé tous les documens qui existent à cet égard, estime le produit total des mines américaines, celles du Brésil comprises, à 2,018,419,200 francs., ou à une moyenne de 100,920,950 fr. par année, c'est-à-dire beau-

coup moins que la moitié du produit au commencement et pendant les dix premières années du
siècle.

Le produit des mines d'Europe a aussi diminué
dans les vingt dernières années, mais il y a eu un accroissement notable dans le produit de celles qui
appartiennent, en Asie, à la Russie. Somme totale, la moyenne du produit des mines, tant en
Europe qu'en Amérique, pendant cet interrègne minéral, s'il est permis de s'exprimer ainsi, peut être
évaluée de 112,500,000 à 150,000,000 de francs,
ce qui fait 100,000,000 de francs de moins qu'au
commencement du siècle. Plusieurs écrivains ont
supposé que cette baisse extraordinaire dans la
production des métaux précieux avait été la cause
principale de la baisse des prix qui avait eu lieu
depuis la paix.

De deux choses l'une, ou l'or et l'argent sont
employés à la fabrication de la monnaie, ou ils le
sont dans les arts. Malheureusement il n'existe
aucun moyen de découvrir la proportion dans laquelle ils sont appliqués à ces deux usages, et cette
proportion varie sans cesse avec les diverses circonstances de chaque pays, par exemple avec le
plus ou moins d'abondance du papier-monnaie et
le degré suivant lequel la monnaie est épargnée
par l'emploi des procédés de banque, le plus ou
moins de richesse des habitans, la mode relativement à la vaisselle, le sentiment de la sécurité, et
une multitude d'autres circonstances toutes plus
ou moins soumises à de grands et quelquefois su-
bits changemens. Les prodigieuses différences qui
existent dans les évaluations qu'ont faites les statisticiens les plus habiles de la quantité d'or et

d'argent monnayés existante en Europe, font voir
que cette évaluation est fort difficile. En effet :

En 1809 M. Jacob l'évaluait à 9,500,000,000 fr.
En 1812 M. de Humboldt à   9,039,800,000 fr.
En 1812 M. Storch à   6,775,000,000 fr.

Cependant, si nous étions obligés de choisir entre ces évaluations si discordantes, nous donne-
rions volontiers la préférence à celle de M. Storch.
Il l'a établie en comparant les chiffres fournis par
les meilleurs statisticiens sur la quantité de monnaie qui se trouve dans les divers pays, etc.; et c'était
le seul moyen de parvenir avec quelques chances
de succès à la connaissance du montant total).
M. de Humboldt est arrivé à ses conclusions en
déterminant la proportion qui existe entre les valeurs métalliques et la population de la France,
supposant qu'ailleurs une proportion semblable
devait exister. De son côté, M. Jacob commence
par estimer les valeurs de ce genre qui devaient
se trouver en Europe en 1606 ; puis, en établissant
une balance entre les additions qui ont dû être
faites à ces quantités, et la diminution résultant de
tous les genres de destruction qui ont eu lieu, il
établit son chiffre. Il est facile de voir qu'il est
impossible d'obtenir un résultat digne de quelque
confiance par des recherches de cette nature. Elles
sont si hypothétiques et si hasardées, que, s'il leur
arrive quelquefois d'être exactes, ce ne peut être
que fortuitement.

M. Jacob est entré dans des détails fort curieux
sur la destruction des métaux précieux. Cette destruction doit nécessairement varier beaucoup aux
différentes époques, selon la bonté de la fabrica-

tion des monnaies, la rapidité de leur circulation,
l'habitude ou l'inhabitude de thésauriser, etc.
M. Jacob estime que la perte annuelle des monnaies d'or anglaises par l'usure peut être évaluée
à une partie sur 950, et celle de l'argent à une
partie sur 200. Il observe cependant que pour les
hommes pratiques la perte par l'usure des métaux
précieux a été un objet d'observation, à cause de
son importance dans les diverses fabrications d'or
et d'argent. Évaluant la perte de l'argent à une
quantité plus considérable que celle qui vient d'être
indiquée, un fabricant de beaucoup d'exactitude
et de sagacité, et qui avait pu observer ce phé-
nomène dans ses propres ateliers, l'explique à cet
égard comme il suit : « La perte sur la monnaie
d'argent est un pour cent par an ; si cent pièces
de 1815 ou 1816 ou d'autres dates étaient exami-
nées, on se convaincrait de l'exactitude de ce résultat. Cette perte est beaucoup plus grande que
sur l'or, et il est facile de s'expliquer pourquoi :
d'abord le même degré de friction doit produire
une plus grande diminution de poids ; en second
lieu, la circulation continuelle des pièces d'argent excède de beaucoup celle de l'or ; car l'argent
est bien rarement thésaurisé et presque jamais il
ne reste inactif. Dans cette contrée ce n'est pas une
mesure de valeur, mais un gage ou signe représentatif de valeur. »

M. Jacob observe, il est vrai, qu'il s'en faut
bien que la perte des valeurs monétaires par l'u-
sure représente tous les genres de destruction.
Pour apprécier toute l'étendue de la perte, il
faut faire entrer en ligne de compte les quantités
détruites par le feu, les naufrages et beaucoup

d'autres accidens. Malheureusement on ne peut faire que des conjectures sur l'étendue des pertes déterminées par ces dernières causes; mais, en les réunissant à celle qui résulte de l'usure, on peut, sans exagération, évaluer à 3/4 pour o/o la perte moyenne qui a lieu par année sur le montant total des monnaies d'or et d'argent existant en Europe. Ainsi donc, en évaluant à 7,000,000,000 de francs ces valeurs monétaires, il faudrait 52,500,000 fr. pour les maintenir à leur niveau actuel. Mais, quelque difficile qu'il soit d'apprécier la consommation annuelle de l'or et de l'argent convertis en monnaie, il l'est encore davantage de connaître celle qui a lieu dans les arts. Toutefois M. Jacob a tenté cette appréciation; selon lui, la valeur des métaux précieux employés dans toute l'Europe en décors et ornemens serait à peu près comme il suit :

Grande-Bretagne.	60,930,525 francs.
France.	30,000,000
Suisse	8,750,000
Reste de l'Europe	40,137,250
Total. . . .	139,817,775

En ajoutant à ces sommes celles qui reçoivent la même application en Amérique, le tout monterait à peu près à 150,000,000 de francs.

Ce n'est pas sans peine que M. Jacob a pu réunir les matériaux nécessaires pour faire son estimation. Mais nous croyons que, malgré tous ses efforts, il est resté assez loin du but. Ceux qui s'occupent des soins pratiques d'un genre d'opération commerciale sont communément disposés à en exagérer la valeur et l'importance, de manière que les renseignemens qui arrivent par ces sources, toutes sûres qu'elles paraissent, doivent être accueillis avec précaution. Nous ne pouvons nous empêcher de croire que M. Jacob ne s'est pas mis suffisamment en garde contre cette tendance à l'exagération, et que son estimation de la consommation d'or et d'argent est décidément beaucoup trop haute. M. de Chabrol, dont les recherches sont beaucoup plus dignes de confiance que celles de Chaptal, qui servent de base à M. Jacob, évalue la consommation de l'or et de l'argent dans les arts, à Paris, à 14,500,000 francs, et cette évaluation est conforme à celle qu'a faite M. de Châteauneuf dans ses curieuses recherches sur les consommations de Paris.

Aux documens qui précèdent et qui sont insérés dans la *Revue Britannique*, je joindrai encore les suivans.

Le capital monétaire des principaux pays de l'Europe était naguère estimé, par beaucoup d'hommes de finances, à seulement un peu plus de cinq milliards de francs, répartis de la manière suivante :

France.	2,200,000,000 fr.
Grande-Bretagne.	1,100,000,000
Espagne	450,000,000
Hollande et Belgique. . . .	300,000,000
Autriche.	275,000,000
Italie.	250,000,000
Prusse	220,000,000
Allemagne et Suisse.	210,000,000
Portugal	150,000,000
Total. . . .	5,155,000,000

Cependant une disette de numéraire se fait vivement sentir depuis quelque temps sur toutes les places de l'Europe, et fait craindre une crise financière, dont les résultats pourraient devenir bien désastreux pour tous les crédits publics. Aussi l'agitation qui se manifeste à ce sujet dans le monde financier a fait rechercher d'où pouvaient provenir les causes de ces craintes, et M. Frédéric Fayot, dans un travail important sur les finances, les a signalées en partie ; mais leur origine mé paraît remonter beaucoup plus haut qu'il ne le pense ; et devoir être rapportée à la guerre de l'indépendance de l'Amérique. Cette question est trop palpitante d'intérêt, et se rattache trop directement à celle de la production de l'or et de l'argent, dont je viens de parler, pour qu'on ne me pardonne pas d'entrer ici dans quelques détails sur une matière d'une aussi haute importance.

De même que la découverte de l'Amérique a exercé une très-grande influence sur le numéraire et la richesse sociale de l'Europe, où une grande partie des métaux précieux qui s'extrayaient sur le nouveau continent était amenée, l'affranchissement de l'Amérique et les révolutions qui en ont été la suite devaient, en changeant toutes les relations anciennement établies, nécessairement produire des résultats inverses, et occasioner dans les capitaux des variations et de grands déplacemens, auxquels on doit principalement attribuer la disette actuelle de numéraire.

Par suite des guerres de l'Amérique avec les différens états de l'ancien monde, les relations commerciales se sont trouvées changées ou anéanties ;

et l'exploitation des mines, qui avait atteint dans les colonies espagnoles son maximum d'activité dans le dix-huitième siècle, et dont les produits annuels montaient à plus de 200,000,000 de francs, s'est trouvée, pendant la révolution qui a amené leur affranchissement, réduite à ce point que, ne pouvant plus fournir l'argent nécessaire pour soutenir la guerre, les Amériques sont venues l'emprunter à l'Europe. On concevra dès lors que des rapports inverses de ceux qui existaient auparavant, n'ont pu avoir lieu sans causer une certaine perturbation dans les affaires; aussi est-ce à cette circonstance qu'il faut, selon moi, attribuer la cause qui a déterminé la crise financière de 1825, qui s'est si long-temps fait sentir, et qui est encore aujourd'hui présente à tous les esprits, quoiqu'elle n'ait cependant été provoquée que par les pertes résultant de la dépréciation du milliard nominal d'emprunts faits en Angleterre, de 1816 à 1825, par les Amériques espagnoles.

Maintenant si des cinq milliards de numéraire on déduit les 5 à 600 millions en argent exportés de l'Angleterre en Amérique durant cet intervalle de temps, et les 4 à 500 millions exportés pendant les dernières années pour la Russie, l'Espagne et les Etats-Unis d'Amérique, on voit que le numéraire de l'Europe se réduit aujourd'hui à tout au plus quatre milliards.

Les 150,000,000 de francs en argent monnayé envoyés de France et d'Angleterre en Espagne, depuis les événemens politiques qui y sont survenus depuis deux ans, n'ont que très-peu ou point de chances de retour; ce déplacement est encore une conséquence de l'affranchissement de ses colonies; car cette puissance, qui auparavant était très-riche en numéraire, est aujourd'hui forcée d'avoir recours aux emprunts étrangers. Quant aux 207,000,000 de francs en numéraire également partis de l'Europe depuis un ou deux ans pour l'Amérique, comme la plus grande partie de cette somme avait pour but principal l'exploitation des mines et d'autres entreprises industrielles, elle ne rentrera que partiellement et à des époques plus ou moins éloignées. C'est à toutes ces causes réunies et préparées depuis long-temps par les événemens politiques qui ont changé la face de l'Amérique, qu'il faut attribuer la disette qui se fait sentir aujourd'hui dans le numéraire.

La masse des dettes émises et inscrites dans les grands états de l'Europe s'élève à la somme effrayante de 37,250,000,000 de francs, auxquels il faut ajouter au moins 20 milliards d'actions et de billets de banque, d'actions de canaux, chemins de fer, etc., et tout le papier de commerce en circulation; en sorte que 57 milliards de valeurs en papiers se trouvent en présence de seulement 4 milliards en numéraire. Maintenant, qu'un événement politique vienne déterminer une crise, que l'Espagne et le Portugal, par exemple, dont les révolutions paralysent déjà et pourraient détruire quatre milliards et demi de ces valeurs écrites et courantes, viennent à manquer, et aussitôt la moitié au moins du numéraire se retirera de la circulation, et la perturbation qu'un tel événement occasionerait se faisant aussitôt ressentir sur tous les principaux marchés de l'Europe, 12 ou 15 milliards au moins de la dette flottante se trouveraient anéantis, et alors se réaliserait cette *confla-*

gration des crédits publics prédite par Napoléon à Sainte-Hélène.

Devant de tels faits, quel est le gouvernement, quel est l'homme qui ne désirent et ne soient vivement intéressés au maintien de l'ordre des choses et à la conservation de la tranquillité générale des peuples, puisqu'une guerre, un bouleversement quelconque qui surviendrait en Europe peut menacer le crédit public d'une ruine complète, dont les conséquences seraient plus redoutables que la guerre elle-même ? On peut juger aussi, par tous ces faits, de l'influence qu'exerce sur la politique générale des peuples l'exploitation des mines, par suite de la plus ou moins grande masse de capitaux que ses produits peuvent jeter dans la circulation.

CUIVRE.

Ce métal, que les anciens chimistes désignaient sous le nom de *Métal de Vénus*, est connu depuis les temps les plus anciens ; son nom grec κύπρων lui venait de l'île de Chypre, où il était exploité et où il a probablement été découvert pour la première fois. Il fut aussi exploité en Espagne, en Italie, en Grèce et dans les petites îles des Princes, situées aux environs de Constantinople, et il y était encore exploité à l'époque de l'invasion des Turcs ; depuis, les exploitations y ont été abandonnées ; mais je me suis assuré qu'on pourrait facilement les reprendre.

Le cuivre est d'une belle couleur rouge et prend un poli très-brillant ; sa ténacité, quoique moindre que celle du fer, est plus grande que celle de l'or

et de l'argent ; c'est le plus sonore des métaux ;
on ne connaît pas encore bien son degré de fusibilité. Mais M. Pouillet m'a dit qu'il pensait que
son point de fusion pouvait correspondre à environ 850° centigrades. Ce métal n'est pas du tout
volatil ; exposé à l'air, sa surface se recouvre à la
longue d'une légère couche de carbonate vert, qui
forme ce que les archéologues appellent la *patine*,
qui donne tant de prix, à leurs yeux, aux statues
et autres objets antiques. La pesanteur spécifique
du cuivre est, à l'état de fil, de 8,878 ; sa grande
ductilité, et la facilité avec laquelle il s'allie à la
plupart des métaux, le rendent propre à un
très-grand nombre d'usages. Aussi est-il, après
le fer, le métal dont l'emploi est le plus mul-
tiplié. Pur, il constitue une grande partie de la
monnaie dite de *billon*, sert au doublage des vais-
seaux et à la fabrication de tuyaux, de bassines, et
d'un grand nombre d'ustensiles employés dans les
arts et les usages habituels de la vie. Combiné avec
l'étain, il forme le *tam-tam*, l'airain ou *bronze*, le
métal des cloches, des *canons*, etc. ; avec le zinc il
constitue le *laiton* ou *cuivre jaune*, quelquefois appelé *similor*, *or de Manheim*, *alliage du Prince-
Régent*, etc. ; l'on a vu qu'il entrait pour un
dixième dans la composition de nos monnaies d'or
et d'argent, auxquelles il communique assez de
dureté pour qu'elles puissent conserver long-temps
les formes qui leur sont données. Combiné avec
l'acide acétique, le cuivre constitue encore le *vert
de gris* ou *verdet*, et avec le soufre le *sulfate de
cuivre* ou le *vitriol bleu* du commerce.

Le cuivre existe dans la nature sous un grand
nombre de combinaisons qu'on peut diviser en

trois classes. La première classe de minéraux comprend le cuivre natif et l'oxide rouge ou oxidule, généralement assez rares ; la *mine bleue* et la *mine verte* ou malachite, qui sont les carbonates bleus et verts, assez abondans dans certains gisemens, et la *mine noire*, composée d'un mélange de sulfure et d'oxide noir de cuivre. La deuxième classe comprend le cuivre sulfuré gris et cassant, rarement abondant dans les mines, et le cuivre pyriteux, ou double sulfure de fer et de cuivre ; c'est le minerai le plus habituel et le plus abondant dans la nature. La troisième classe comprend les minerais combinés avec le soufre et un grand nombre de métaux, tels que l'arsenic, l'antimoine, l'étain, le plomb, l'argent, etc. ; ils prennent souvent dans le dernier cas le nom d'*argent gris*. C'est particulièrement du cuivre natif, de l'oxide, des pyrites et des carbonates, que l'on extrait tout le cuivre versé dans le commerce ; mais les deux dernières espèces sont réellement les seules importantes sous le rapport géologique et métallurgique, parce qu'elles constituent les gîtes les plus importans. Cependant en 1820 on a trouvé au Brésil une masse de cuivre natif pesant 2,666 livres ; elle a été envoyée au Musée de Lisbonne. Toutes les autres variétés de minerais, qui ne sont pour la plupart que des transformations de ces espèces principales, par suite des réactions chimiques et électro-chimiques, ont en général peu d'importance, à cause de leur peu d'abondance ordinaire.

Traitement métallurgique.

On conçoit que les méthodes d'extraction du cuivre doivent varier avec les différentes manières d'être des minerais cuivreux et leur différence de nature. Ceux de la première classe, qu'il est en général difficile de bocarder et de laver, parce qu'ils sont très-légers, sont au contraire très-faciles à traiter ; ils donnent ordinairement du cuivre à la première fonte, ou tout au moins ce que l'on appelle du *cuivre noir*, cuivre encore impur qu'il n'y a plus qu'à affiner. Il suffit de les placer avec du charbon de bois ou du coke dans un fourneau à manche, ou, s'ils sont suffisamment purs, dans un fourneau à réverbère, pour avoir le cuivre à la première fusion.

Le traitement des minerais sulfureux est loin d'être aussi facile que celui des minerais de la première classe ; ils peuvent être lavés et bocardés avec avantage ; lorsqu'ils sont mélangés de plomb, on les lave aussi bien que possible, afin d'obtenir deux espèces de schlicks, l'une qui contienne presque tout le cuivre, et l'autre presque tout le plomb. Ces minerais ne donnent presque jamais de cuivre à la première fonte, mais une matte plus ou moins riche en cuivre ; on les grille d'abord par différens procédés ; le plus habituel consiste à former avec le minerai, sur un lit de bois, une espèce de pyramide tronquée, comme pour la carbonisation du bois dans les forêts ; on ménage au centre un canal vertical par lequel, avec des tisons embrasés, on met le feu qui se communique au sulfure, qui, une fois échauffé, continue à brûler et à se griller par lui-même. On a soin de placer tous les gros morceaux au centre et les menus à la surface ; on mêle même quelquefois ceux-ci de terre, que l'on bat pour empêcher la combustion d'aller trop vite, et forcer les vapeurs sulfureuses à se diriger par le haut. Pendant ce grillage, qui dure parfois plus d'un an, il se forme des oxides et des sulfates de cuivre et de fer, et il se dégage du gaz acide sulfureux et du soufre, dont on recueille une certaine quantité qui se condense dans des cavités pratiquées à cet effet vers la partie supérieure de la pyramide. On traite les produits du grillage au fourneau à manche, et l'on ajoute du quartz quand ils ne sont pas assez siliceux. Il sert à aider la vitrification des matières pierreuses mélangées avec le minerai, donne aux matières oxidables le temps de s'oxider en ralentissant convenablement la combustion, et enfin se combine avec le fer, qui passe alors plus facilement dans les scories. Lorsque la température est assez élevée, les oxides en contact avec le charbon se réduisent, et on obtient un produit qu'on appelle *matte.*

La matte ainsi obtenue est une substance brune, cassante, contenant beaucoup de cuivre et beaucoup moins de matières étrangères, lesquelles sont en grande partie passées dans les scories; on la concasse et on la soumet à un certain nombre de grillages successifs, qui vont quelquefois jusqu'à douze, dans le but de chasser de plus en plus le soufre qui se trouve encore combiné avec la masse; puis on refond de nouveau la matière au fourneau à manche, en ajoutant encore du quartz pour empêcher la réduction de l'oxide de fer et en faciliter la fusion. On obtient par cette opération longue et pénible du cuivre noir, une nouvelle matte et des scories que l'on rejette, et on grille de nouveau la matte ainsi que le cuivre noir qui contient encore jusqu'à 10 pour cent de soufre,

de fer, et quelquefois de zinc; puis on le soumet
à l'affinage.

Cette opération s'exécute dans une espèce de
four à réverbère, dont la sole est concave et recouverte par une brasque de charbon et d'argile
battue. On charge le cuivre noir sur cette sole et
on allume le feu. Le cuivre fond, et il se forme à
la surface des scories qu'on enlève avec une espèce de râble; puis on dirige le vent des soufflets
sur le bain; la matière roule alors sur elle-même
et présente successivement toutes ses parties au
contact de l'air. Le fer, le soufre et le zinc, lorsqu'il y en a, se brûlent, et le cuivre s'affine.
Quand cette opération, qui dure environ deux
heures, est terminée, et que le métal est convenablement affiné, ce que l'on reconnaît à sa couleur et à l'absence de scories, on le fait couler
dans des bassins de réception en forme de cônes
renversés, placés sur le côté opposé au vent et
que l'on a tenus chauds; il s'y refroidit à la
surface, et, pour hâter son refroidissement,
on y projette de l'eau, et avec des crochets
on enlève la croûte solide à mesure qu'il s'en
forme une, et successivement jusqu'à ce que le
métal soit épuisé. Le cuivre ainsi obtenu forme
des plaques rondes, couvertes d'aspérités; c'est
ce qu'on appelle dans le commerce le *cuivre ro-
sette.*

Il existe encore plusieurs méthodes pour traiter
les différens minerais de cuivre, et d'autres procédés d'affinage pour le séparer des métaux avec
lesquels il est souvent mélangé; mais ce n'est pas
ici le lieu d'entrer dans des détails circonstanciés à
ce sujet; il suffit qu'on ait une idée des différentes

opérations que ce métal exige avant d'arriver à l'état de pureté.

M. Héron de Villefosse a évalué la production du cuivre en Europe à 382,186 quintaux, qui représenteraient une valeur de 95,500,000 francs; depuis, on ne l'a portée qu'à 70,000,000 de francs; mais cette évaluation est encore trop forte, et, quoique la production de la Grande-Bretagne ait toujours été en croissant depuis la fin du siècle dernier, elle n'a été cependant en 1828 que de 122,572 quintaux, au lieu de 200,000, taux auquel elle avait toujours été portée; celle de la Suède, au contraire, diminue successivement; car, au lieu de 22,000 quintaux, elle n'a plus été en 1825 que de 6,735.

Tableau de la production des mines de cuivre en Europe.

Angleterre et Irlande (1828)	122,572 q. m.
Autriche (1829)	42,189
Russie (1835)	33,872
Saxe	12,600
Allemagne occidentale	10,600
Danemarck	8,500
Norwége.	8,000
Suède (1825)	6,735
Prusse	6,400
France (1834)	1,034
Espagne	300
Quintaux métriques	252,802

qui, à 250 francs le quintal, représentent une valeur de 63,200,500 francs.

Il y a quelques années que la France produisait
annuellement 2,500 quintaux de cuivre ; mais aujourd'hui la plupart de ses mines sont abandonnées, ou sont à peu près épuisées. Les tableaux
suivans indiqueront au contraire les progrès toujours croissans de l'exploitation du cuivre en Angleterre, et dans les mines du Cornouailles en
particulier, qui fournissent à elles seules les quatre cinquièmes du produit de l'Angleterre et de
l'Irlande. Ces mines ont donné

En	1771	. . . .	33,939 q. m.
	1780	. . . .	34,983
	1800	. . . .	52,596
	1810	. . . .	57,605
	1820	. . . .	74,671
	1822	. . . .	94,616
	1828	. . . .	100,599

Et la production de toutes les mines d'Angleterre
et de l'Irlande a été

En	1818	· de	83,097 q. m.
	1820	—	89,435
	1822	—	115,295
	1828	—	122,572

qui représentent une valeur de 24,000,000 de
francs. M. John Taylor, dans son ouvrage sur les
mines, en comparant les productions avec les importations et les exportations, fait voir que l'Angleterre consomme environ 4,415,000 kilogrammes de cuivre par année ; à ce sujet, M. Leplay a
fait voir également que, la production du cuivre en
France étant à peu près égale à la quantité expor-

tée, la moyenne des importations peut être prise pour celle de la consommation; or cette moyenne, pendant les cinq années de 1826 à 1830, s'élève à environ 4,620,000 kilogrammes. Il résulte de ces deux données que la consommation totale des deux royaumes est encore inférieure à la production des seules mines du Cornouailles.

L'Amérique, jusqu'ici, a fourni peu de cuivre; les États-Unis en fournissent un peu, et le Mexique seul en produit 4,000 quintaux; cependant il paraît que le cuivre abonde dans quelques unes des autres provinces du Nouveau-Monde. La Perse, le Japon, la Chine surtout, l'Arabie, la Tartarie, la Natolie, quelques îles de la mer des Indes, l'Abyssinie, le Maroc, le Congo, etc., renferment aussi des mines de cuivre dont les produits nous sont inconnus. L'Espagne, comme il a déjà été dit, possède des mines riches de cuivre aujourd'hui pour ainsi dire inexploitées. Dernièrement un journal de Madrid faisait le calcul du nombre de cloches existantes en Espagne, et l'évaluait à 84,000, dont le poids total ne peut s'élever à moins de 3,660,000 arrobes, ou 43,929,000 kilogrammes environ, dont la valeur peut être portée à 256,000,000 de réaux (66,560,000 fr.), et ajoutait que, le tiers de ces cloches suffisant pour le service des églises, le gouvernement pourrait, en vendant le surplus, se créer ainsi une ressource de 40,000,000 de francs.

PLOMB.

L'un des métaux les plus anciennement connus, le plomb s'exploitait en Attique, en Angle-

terre, et dans le pays des Cantabres (Espagne) ;
il était autrefois désigné sous le nom de *Métal de
Saturne.* Il est d'un blanc bleuâtre, très-brillant
lorsqu'il est bruni, mais se ternissant promptement à l'air ; sa ténacité est très-faible, trente
fois moindre que celle du fer. Il est si mou, qu'il
se laisse rayer par presque tous les corps, même
par l'ongle, et que l'on peut s'en servir pour
écrire sur le papier. Le plomb est peu ductile ;
cependant on peut en faire des tuyaux sans sou-
dures ; sa malléabilité, au contraire, est très-
grande, et il peut facilement s'étendre en lames
minces ; il fond à 320 degrés centigrades, bien
avant la chaleur rouge, c'est donc l'un des métaux les plus fusibles ; sa densité est de 11,352.
Hors du contact de l'air, il peut éprouver une
température assez élevée sans se volatiliser ; mais
en contact avec lui, il s'exhale en fumées épaisses,
et si le courant d'air était très-fort, on pourrait
en perdre par cette cause, dans les opérations
métallurgiques, des quantités assez notables.
Fondu, le plomb s'oxide facilement ; mais si
le courant d'air n'est pas fort, la couche de prot-
oxide qui se forme à la surface empêche l'oxidation de se continuer. Dans les opérations métallurgiques, pour éviter les pertes qui résulteraient de
l'évaporation, on recouvre le bain de scories ; le
plomb volatilisé va se condenser dans les parties
supérieures du fourneau, sous forme de poussière
jaune ou rouge.

Les alchimistes, dans l'espérance de transfor-
mer le plomb en argent, l'ont soumis à une foule
d'épreuves qui ont tout au moins eu pour résultat
de nous faire assez bien connaître les propriétés de

ce métal, dont les fabricans et les artistes ont toujours cherché à profiter, à cause de la grande facilité avec laquelle il se travaille : aussi est-ce l'un des métaux les plus employés et que sa grande abondance dans la nature permet heureusement de se procurer à très bon marché. Le plomb laminé sert pour couvrir les édifices, faire des bassins, des conduits, des gouttières, des chaudières, les chambres dans lesquelles se fabrique l'acide sulfurique, etc. ; c'est avec le plomb que les balles et le plomb de chasse se font : allié à la moitié de son poids d'étain, il forme la soudure des plombiers et des ferblantiers, et combiné avec environ le quart de son poids d'antimoine, il constitue l'alliage qui sert à faire les caractères d'imprimerie. Le blanc de plomb, ou céruse, n'est que du carbonate de plomb, et la litharge et le minium en sont les oxides. A l'état d'oxide rouge ou de minium, il entre pour plus de moitié dans la composition du verre de cristal ou *flint-glass* ; enfin le sulfure de plomb naturel, réduit en poudre, s'emploie, sous le nom d'*alquifoux*, pour former la couverture des poteries grossières. Seul, il produit les vernis jaunes ; mais mêlé avec du cuivre, du manganèse, etc., il donne des vernis verts, bruns, etc.

Le plomb ne se trouve pas à l'état métallique, mais bien à l'état de sulfure ou de galène, état sous lequel il se rencontre le plus habituellement ; ses autres combinaisons, telles que le carbonate, le sulfate, le phosphate, le chromate, l'arséniate, etc., n'étant que le résultat des décompositions et réactions électro-chimiques qui ont eu lieu dans les filons, sont rarement abondantes. La galène est un minéral à éclat métalloïde, gris de plomb, se présentant presque toujours cristallisée et à formes cubiques ; elle est fréquemment mêlée dans les filons avec de la blende ou sulfure de zinc, des pyrites de fer, du sulfate de baryte, de la chaux fluatée, etc., dont on la sépare facilement et souvent assez complétement par le lavage. La galène contient presque toujours une petite quantité d'argent ; le bas prix du plomb en France, et le peu d'abondance des mines font qu'ordinairement on n'y exploite pas les minerais qui ne contiennent pas assez d'argent pour payer une partie des frais d'exploitation et de traitement métallurgique.

Le plomb se trouve souvent combiné ou disséminé dans certains minerais de fer, en proportion à la vérité inappréciable, et qui a échappé, comme le zinc qui s'y trouve également, à l'analyse chimique ; ainsi il arrive quelquefois qu'on trouve à la fin d'un fondage des quantités assez notables de plomb métallique dans les crevasses et le fond du creuset des hauts-fourneaux à fer, et quelquefois même, après chaque coulée, il en sort de petites quantités : cependant la haute température qui règne constamment dans les hauts-fourneaux et le courant d'air rapide qui les traverse ont dû en faire volatiliser la plus grande partie.

Plusieurs méthodes sont mises en usage dans les différentes localités pour réduire les minerais de plomb ; elles dépendent de leur plus ou moins de pureté. Souvent on leur fait subir un grillage préalable qui a pour but d'oxider le plomb. Lorsqu'on les traite au fourneau à manche, on fait le grillage entre des murs à l'air libre ; il est très-simple pour les minerais en gros morceaux, et

plus compliqué pour les schlicks ou minerais fins.
On fait un mélange à parties égales en volume de
schlick et de poussière de charbon ; on l'humecte
avec un lait de chaux, et on l'étend sur un bû-
cher par couches de trois centimètres, alternant
avec des couches de menu charbon, en ayant
soin de ménager dans les lits de minerais des trous
que l'on remplit de charbon pour que le feu puisse
pénétrer à travers. L'opération du grillage dure
de trente à trente-six jours pour 10,000 kilogrammes de schlick. En Angleterre, en France, à
Poullaouen et à Villefort, le grillage se fait dans
des fours à réverbère ; ce procédé est plus dispendieux, mais l'opération est beaucoup plus complète.

En Savoie, à Pesey, on s'est d'abord servi d'espèces de demi-hauts-fourneaux de sept à huit pieds
de hauteur, fermés par devant et se chargeant par
derrière, pour réduire les minerais grillés ; puis
on a remplacé ceux-ci par des fourneaux à manche
de quatre pieds et quelques pouces de hauteur.
Les charges s'y composent de charbon et de minerai grillé, mélangé de près de deux fois son poids
de scories ou de mattes.

Lorsque les minerais sont riches, on emploie
avec avantage les fourneaux dits *écossais*, qui
se construisent à peu de frais et n'exigent pas un
grand emplacement ; ce sont des espèces de fourneaux à manche, construits avec des plaques en
fonte et présentant la forme d'un prisme rectan-
gulaire de $0^m,5$ de longueur, sur 0,4 de large,
et 0,7 de haut. La tuyère se place vers le tiers de
la hauteur ; le plomb s'échappe par un des angles
et coule dans une espèce de chaudière en fonte ,

sous laquelle on fait constamment du feu, pour
maintenir le plomb fondu.

Au Hartz, où des schlicks contiennent beaucoup
de matières terreuses, on a trouvé beaucoup plus
avantageux d'employer des demi-hauts-fourneaux
de douze à dix-huit pieds, à deux tuyères, quelquefois trois, placées du même côté, opposé à
celui de la coulée.

Quelquefois quand le schlick cru est suffisamment pur, on le traite dans des fours à réverbère
chauffés au bois ou à la houille; dans ce cas, le
grillage s'y opère d'abord, puis après la fonte. On
commence, pour griller, par chauffer modérément
et sans remuer; puis on augmente peu à peu la
chaleur, en ayant soin de mélanger les couches
supérieures qui sont passées à l'état de sulfate avec
les inférieures qui sont restées à l'état de sulfure;
celui-ci réagit sur le sulfate, son soufre enlève
tout l'oxygène de l'oxide, une partie de celui de
l'acide du sulfate, et il en résulte du plomb métallique provenant du sulfate et du sulfure, et du
gaz acide sulfureux qui se dégage en très-grande
abondance.

Un autre procédé souvent employé pour obtenir
le plomb, consiste à employer le fer pour désulfurer la galène. Cette opération se fait dans des
fours à réverbère ou des fourneaux à manche.
Dans le premier cas, quand le minerai est fondu,
on ajoute successivement un quart de son poids
de vieille ferraille ou de fonte granulée, puis on
brasse bien toute la masse. Le soufre est alors ab-
sorbé par le fer, et le plomb se réduit promptement
et se rassemble dans le fond du fourneau, d'où il
s'écoule dans un bassin destiné à le recevoir d'a-

bord. On décante ensuite le plomb métallique
dans un second bassin pour le séparer du sulfure
de fer qui coule avec lui dans le premier bassin.
Quand l'opération du grillage se fait en même
temps, on n'ajoute le fer que sur la fin de l'opération, pour décomposer le sulfure et le sulfate qui
restent encore sur la sole du fourneau, ce qui diminue beaucoup la consommation du fer et par
suite les frais de fabrication. A Poullaouen, où l'on
se sert d'un fourneau à manche de quatre pieds
et demi d'élévation, on mêle le schlick avec 14
pour 100, de fonte, 22 de scories d'affinage de
fer et 36 de scories de plomb. On peut employer
aussi la chaux pour désulfurer la galène; mais elle
n'est pas commode, parce qu'elle forme avec le
soufre une combinaison infusible, tandis que le
fer, à l'avantage de désulfurer complétement,
joint celui de donner lieu à une combinaison fusible; seulement il est beaucoup plus cher que la
chaux.

Lorsque les minerais ne sont pas argentifères,
le plomb obtenu par ces divers procédés est coulé
dans de petites lingotières, pour être livré au
commerce sous forme de saumons; mais s'il contient suffisamment d'argent pour couvrir les dé-
penses que sa séparation exige, c'est-à-dire de la
coupellation et de la revivification des lithaiges, on
en extrait ordinairement ce métal précieux, et
le plomb prend alors le nom de *plomb d'œuvre.*
On estime qu'en France il faut que le plomb
d'œuvre contienne trois millièmes d'argent pour
pouvoir être coupellé avec avantage. La coupellation est fondée sur la propriété qu'a le plomb de
s'oxider très-facilement au contact de l'air lorsqu'il

est fondu, pendant que l'argent n'est pas du tout oxidable. L'opération se fait dans un four à réverbère rond ou elliptique, tantôt à voûte, tantôt à dessus mobile, dans lequel on construit un très-grand creuset ou coupelle avec des os calcinés ou des cendres de bois lessivées, surtout celles du hêtre ou de la vigne. La condition essentielle d'un bon fond de coupelle, qui doit être refaite à chaque opération, est de ne pas se fondre en se combinant avec l'oxide de plomb; les matières qui viennent d'être désignées sont excellentes; on mélange deux parties d'argile sur sept de cendres ou d'os bien calcinés; on humecte avec de l'eau et on en forme la coupelle qui a ordinairement de huit à dix pieds de diamètre, en battant bien et mettant plusieurs couches successives; ainsi disposées, elles peuvent servir à affiner 180 à 200 quintaux de plomb d'œuvre.

Les barres de plomb étant placées dans le creuset qu'on a eu soin de protéger par une couche de paille, on abaisse le chapeau, on le lute bien avec de l'argile, ainsi que toutes les ouvertures, et on chauffe ensuite graduellement pour laisser sécher la coupelle; ce n'est qu'au bout de douze ou dix-huit heures que tout est fondu. On enlève alors les *abstricks*, qui sont les premières litharges qui se forment; elles contiennent souvent, outre une certaine quantité de fer ou de cuivre, du zinc, de l'antimoine, de l'arsenic, etc., qui accompagnent fréquemment les galènes dans les mines et qui rendent le plomb d'œuvre cassant. Ces métaux étrangers ont tant d'affinité pour l'oxygène, qu'ils font partie des premières couches d'oxide ou de litharge qu'on obtient. Ce n'est encore que six heures après l'extraction des abstricks que l'on donne le vent; alors la litharge, se formant en abondance, est enlevée à mesure qu'elle se produit, pour permettre à d'autre de se former. Vers la fin de l'opération, on aperçoit sur le bain une vive lumière, comme des éclairs, puis il devient terne, c'est une preuve qu'elle est terminée; on laisse alors consolider l'argent qui forme une espèce de pain, puis on le sort pour être affiné.

Pour revivifier ensuite les litharges, c'est-à-dire les convertir en plomb métallique, on les passe ordinairement au fourneau écossais, tandis que les crasses, les abstricks et les fonds de coupelle, qui proviennent de cette opération, sont refondus au fourneau à manche.

L'Espagne, qui jusqu'en ces derniers temps ne retirait de ses mines qu'une médiocre quantité de plomb, que M. le comte de Laborde estimait à 12,000 quintaux, et que M. de Villefosse portait à 32,000, l'emporte aujourd'hui par l'importance de sa production, et se place, après l'Angleterre, en tête de toutes les nations de l'Europe. Elle doit cet heureux changement à l'abolition des lois restrictives qui en gênaient l'exploitation. Les mines d'Angleterre, qui ne produisaient que 25,000 quintaux, en ont produit en 1828 461,500; mais le bon marché du plomb d'Espagne, qui l'emporte sur tous les marchés de l'Europe, devra faire progressivement diminuer la production de ce métal dans les autres contrées

S'il faut en croire les indications nombreuses que l'on trouve dans le Voyage dans l'intérieur de l'Afrique d'Haggy-Ehn-eddyn-el-Eghonathy, ce continent ne serait pas non plus dépourvu de

plomb ; et il signale une mine qui paraît très-abon-
dante près de Padrama , ainsi que son nom de Ge-
bel-el-Rassáss , qui signifie montagne de plomb ,
semble l'indiquer. En Amérique il existe sur plusieurs points, mais il y a été peu exploité jusqu'ici ;
cependant, suivant une note qui m'a été remise
par M. Michel Cheválier, il en est amené annuellement à New-York, du Mississipi supérieur, 70,000
quintaux métriques, et l'ouverture de nouvelles
exploitatiohs sur le territoire de Wisconsin fait
espérer que cette année (1836) ce produit s'élevera à 100,000 quintaux métriques.

M. de Villefosse a porté à 480,972 quintaux
métriques la production annuelle du plomb en
Europe, que M. Beudant a évaluée en 1830 à
22,000,000 de francs ; mais cette évaluation est
bien au dessous de la production réelle , ainsi que
le fera voir le tableau qui suit , surtout si l'on veut
comprendre dans la production du plomb les
oxides de plomb et ses autres composés employés
dans les arts.

Tableau de la production du plomb en Europe.

Angleterre (1827). . . . . 476,580 q. m.
Espagne. 250,000
Prusse. 71,000
Hartz. 60,000
Autriche (1829). 54,042
Nassau, Usingen. 12,000
Saxe 10,000
Russie (1833). 7,165
                                 ─────────
A reporter. 940,787

Report.	940,787
France (1834) . . . . , . .	4,785
Savoie.	4,000
Pays-Bas	4,000
Anhalt - Bernbourg	3,000
Pays de Bade	800
Suède (1825).	516
Quintaux métriques. . . .	957,888

qui représentent , au prix moyen actuel de 62 fr. ,
une valeur de 59,389,056 francs , et si l'on ajoute
la valeur du plomb consommé en litharge , minium , alquifoux , on voit que ce métal augmente
chaque année la richesse sociale en Europe de
63 à 64,000,000 de francs. Suivant M. John Taylor, il a été importé en Angleterre 30,420 quintaux de plomb ; il en a été exporté 187,590 ; d'où
il résulte que la consommation intérieure a été
de 319,410 quintaux métriques ; mais pour qu'une
telle donnée fût bien exacte, il faudrait prendre
la moyenne sur un certain nombre d'années ; car
rien n'indique qu'une partie du plomb resté en
Angleterre ait été mise totalement en œuvre.

MERCURE.

Comme pour les précédens métaux, la découverte du mercure se perd dans la nuit des
temps. Il fut d'abord découvert aux environs d'E-
phèse, et s'exploitait aussi dans la Bétique (Espagne); on le rencontrait également associé avec
le minerai d'argent dans les mines de Laurium en
Attique. La couleur de ce métal est le blanc

bleuâtre, comparable par son éclat à l'argent
bruni; son état habituel de fluidité le distingue
de la plupart des autres métaux, et son extrême
mobilité lui a fait donner le nom de *Vif-argent*,
sous lequel il est vulgairement connu. Ce n'est
qu'à 40 degrés centigrades au dessous de zéro ou
du point de congélation qu'il commence à devenir
solide; c'est ainsi qu'en Sibérie, où la température descend fréquemment à plus de 40° au dessous de zéro, il n'est pas rare de le voir se solidi-
fier naturellement, et l'hiver dernier (1836), le
thermomètre étant descendu à Moscou à 43°
et 3/4, on a pu, à l'aide d'une balle de mercure
gelé, tirée avec un fusil, percer une planche d'un
pouce d'épaisseur. On peut donc présumer d'a-
près cela que, dans les régions polaires les plus
froides, le mercure reste constamment à l'état
solide, comme le sont à notre latitude les métaux
les plus fusibles, tels que l'étain, le plomb, le
bismuth, le zinc, etc. Le mercure n'étant volatil
qu'à 360°, il en résulte qu'il reste liquide dans un
espace de 400°, après quoi il se solidifie ou se ga-
zéifie. Sa pesanteur spécifique est de 13,568. C'est
l'un des métaux sur lesquels les alchimistes se sont
le plus exercés pour arriver à leur *grand œuvre :*
car ils pensaient que c'était de l'argent liquide et
qu'il suffisait de le chauffer long-temps seul ou
avec certains corps pour l'épaissir, le fixer et en
opérer la transmutation. Si leurs nombreuses tentatives à ce sujet n'ont eu aucun succès, elles ont
tout au moins amené quelques découvertes importantes, parmi lesquelles on peut citer en première
ligne le sublimé corrosif, que le célèbre Paracelse
a employé le premier avec tant de succès contre

les maladies syphilitiques, regardées jusqu'alors comme tout-à-fait incurables.

La liquidité du mercure, sa pesanteur, son éclat vif et argentin, la pureté et l'homogénéité qu'on lui fait facilement acquérir, et la tendance qu'il a à s'unir à quelques métaux pour former ce qu'on appelle des amalgames, sont autant de qualités précieuses qui en rendent les usages aussi importans que variés. C'est ainsi qu'on a su profiter de la facilité avec laquelle il se combine avec l'or et l'argent, pour le faire servir à l'extraction de ces métaux. À l'état d'amalgame d'or et d'argent, il est employé avec avantage pour dorer ou argenter les métaux. L'amalgame d'étain, dans lequel on faisait entrer autrefois du bismuth, sert à l'étamage des glaces, c'est-à-dire à leur donner la propriété de réfléchir les objets; l'opération qui en résulte s'appelle mettre les glaces *au tain*. La physique doit quelques uns de ses instrumens les plus précieux au mercure; elle a su profiter de la propriété qu'il a de se dilater uniformément et d'être très-sensible aux impressions de la chaleur et du froid, pour l'employer avec avantage à la construction des thermomètres et des baromètres qui nous indiquent les variations atmosphériques. Combiné avec le soufre, il constitue le *cinabre* ou *vermillon* employé en peinture et en pharmacie. Cette substance a été connue des anciens et portait chez les Romains le nom de *minium*, que porte aujourd'hui l'oxide rouge de plomb; il servait principalement à frotter le corps des triomphateurs; il se trouvait en Espagne et dans les mines d'argent de Laurium. Le mercure à différens états de combinaison est fréquemment employé en médecine ! tels sont le proto-chlorure de mercure ou *sublimé doux*, le deuto-chlorure ou *sublimé corrosif*, le sous-deuto-sulfate ou *turbith minéral*, le deutoxide ou *précipité rouge*; il entre dans la composition de l'onguent citrin et de quelques autres médicaments; ainsi que dans l'onguent gris et l'onguent napolitain, qui tous deux ne sont autre chose que ce métal très-divisé dans la graisse; il sert encore dans les laboratoires de chimie et de physique pour recueillir les gaz solubles dans l'eau. Ce métal jouit de propriétés assez singulières; par exemple, chauffé avec de l'eau, il fait acquérir à celle-ci des vertus vermifuges très-prononcées, quoiqu'aucun réactif ne puisse y indiquer sa présence; enfin une autre de ses propriétés, c'est qu'il arrête la végétation, en sorte que la plus petite parcelle quelconque de l'un de ses oxides suffit pour empêcher l'encre de se couvrir de moisissure, qui n'est, comme on le sait, qu'une végétation parasite.

En raison de la propriété que possède le mercure de dissoudre un grand nombre de métaux, il est très-souvent falsifié avec du plomb, du bismuth ou de l'étain; mais il est facile de reconnaître quand il est ainsi sophistiqué; car il a alors une couleur terne, et il perd de sa mobilité; les globules s'aplatissent, et ils font ce que l'on appelle la *queue*, c'est-à-dire qu'ils présentent de petits filets ou traînées.

Le mercure est un métal assez rare dans la nature, où il se rencontre à l'état natif, combiné avec le soufre, quelquefois avec l'argent, ou à l'état de chlorure. Le *mercure vierge* ou natif ne constitue pas de mine et se trouve rarement en grande

quantité ; il accompagne presque toujours les autres minerais et se présente sous forme de goutte-
lettes ou de petits globules disséminés dans la ro-
che qui sert de gangue, d'où ils se détachent par
suite des secousses du terrain ou de leur pesanteur
et se rassemblent en quantités plus ou moins considérables dans les cavités, où on a le soin de lo
recueillir de temps à autre. On a signalé plusieurs
fois en France de prétendus gisemens de mercure,
parce qu'en creusant le sol, on y a rencontré à
de certaines profondeurs des quantités de mercure
assez notables ; mais il a toujours été reconnu que
c'était dans des lieux anciennement habités, et
que le mercure trouvé provenait d'anciennes ruines. Il est facile de concevoir en effet que ce métal
liquide épanché à la surface du sol puisse pénétrer
quelquefois dans les fissures d'un terrain vierge, à
d'assez grandes profondeurs, et induire ensuite en
erreur des observateurs peu attentifs ; les terrains
à mercure sont assez généralement bien caracté-
risés pour ne pas se tromper à cet égard. Le cinabre ou mercure sulfuré est le minerai véritable-
ment important, celui qui constitue les mines les
plus riches ; car le mercure argental et le chlorure
de mercure sont, comme le mercure natif, assez
rares et toujours accidentels ; le sulfure est
rouge ou brun, quelquefois bituminifère ou fer-
rifère.

Les différens procédés métallurgiques employés
pour extraire le mercure de ces minerais ou le purifier, sont fondés sur la propriété qu'a ce métal
de se volatiliser ; dans ces opérations on fait subir
aux minerais une espèce de grillage dans lequel
le sulfure est décomposé par l'oxygène ; et commé

l'oxide est à son tour facilement décomposé par la chaleur, il en résulte que c'est le métal, et non l'oxide qu'on obtient.

La méthode dite *per descensum*, généralement employée autrefois, s'opérait au moyen de deux pots de terre ajustés l'un sur l'autre. Le pot supérieur, rempli de minerai mélangé de chaux, fermé par dessus et recouvert de combustible enflammé, laissait échapper, par de petits trous pratiqués à son fond, les vapeurs mercurielles qui venaient se condenser dans l'eau que contenait le pot inférieur. Vers le commencement du dix-septième siècle, quelques usines du Palatinat avaient substitué à ce procédé les *fourneaux à galère*, adoptés en 1635 à Idria, où on substitua en 1750 les *fourneaux à aludels* déjà employés aux fameuses mines d'Almaden en Espagne, et qu'on y a encore supprimés en 1794 pour les remplacer par des appareils distillatoires, remarquables par leur perfection et leurs dimensions tellement considérables, qu'il n'y a nulle part, en Métallurgie, d'appareils qui leur soient comparables.

Les fourneaux à galère sont disposés de manière à recevoir quatre rangées de cornues ou *cucurbites* en tôle ou en fonte, au nombre de trente-deux et, dans quelques usines, de cinquante-deux. On introduit dans chacune d'elles 70 livres de minerai mélangé avec 15 ou 18 pour cent de chaux, et de manière à ne remplir que les deux tiers de la capacité des cucurbites; à chacun de leurs cols sont adaptés des récipiens de terre cuite, remplis seulement jusqu'à moitié d'eau. Le feu, d'abord modéré, est poussé ensuite jusqu'à faire rougir les cucurbites. L'opération dure environ dix heures; lorsqu'elle est terminée, on verse ce que les récipiens contiennent dans une espèce de jatte en bois ou en terre, placée au dessus d'une cuve ; le mercure se réunit dans le fond de la jatte, tandis que l'eau entraîne dans la cuve une matière noirâtre appelée *noir mercuriel*, qui se forme dans le récipient, et que l'on distille de nouveau.

Le fourneau avec aludels est carré, et sa sole, toute en briques, est criblée de trous pour livrer passage à la flamme du foyer placé au dessous. A la partie supérieure du fourneau, des ouvertures sont pratiquées ; à chacune d'elles sont adaptés des conduits en terre appelés *aludels*, placés sur une terrasse et de manière à communiquer avec une grande chambre qui sert à la fois de condenseur et de récipient. La terrasse est disposée en forme de rigole pour recueillir et verser dans la chambre le mercure que les jointures des aludels, simplement lutés avec de la terre, laissent parfois échapper. Le schlick, pétri avec de l'argile, est disposé en petites masses sur la sole du fourneau ; puis on élève la température. Le courant d'air établi par le feu dans tout l'intérieur, brûle le soufre qui se dégage à l'état d'acide sulfureux, tandis que le mercure se volatilise et se rend, par les aludels, où il se condense en partie, dans la chambre qui sert de récipient. On l'en retire pour le placer dans de grandes bouteilles en fer, fermées à écrou.

Dans le grand appareil d'Idria, établi sur les mêmes principes, on a modifié le procédé, afin de pouvoir tirer parti du menu minerai, et comme on n'ajoute pas de chaux, la réduction du sulfure a lieu par le grillage. Les procédés suivis au Japon et en Chine pour l'extraction du mercure paraissent avoir beaucoup de rapports avec ceux en usage en Europe, et l'on s'y sert de peaux pour purifier le mercure natif.

La préparation du cinabre artificiel, le seul dont on se sert dans le commerce, se fait en grand en Hollande et à Idria. On y fait fondre du soufre dans une chaudière en fonte; puis on passe au dessus dans une peau de chamois une quantité de mercure égale à quatre fois le poids du soufre mis en fusion. Le métal tombe en pluie fine au milieu du soufre qu'on agite avec soin, et par ce moyen s'y mêle plus intimement; on évite que le mélange s'enflamme, et l'on recouvre la chaudière d'un chapiteau destiné à recevoir la combinaison, que l'on chauffe pour le sublimer.

L'extraction de l'or et de l'argent emploient une si grande quantité de mercure, que la plus grande partie de celui qui est exploité en Europe passe en Amérique, qui en fournit cependant d'assez grandes quantités, et l'on y a été obligé même en 1792 d'avoir recours à celui qui s'exploite en Chine; aussi l'Espagne, par suite d'une politique mesquine, voulant tenir ses colonies d'Amérique dans une dépendance absolue, avait défendu l'exploitation des mines de mercure dans cette partie du Nouveau-Monde, et elle y expédiait d'Europe tout celui qui était nécessaire à l'exploitation de ses mines d'or et d'argent; mais les révolutions politiques sont venues annuler ces mesures d'une politique aussi étroite qu'imprévoyante, et l'Amérique peut aujourd'hui en toute liberté faire valoir les richesses dont la nature s'est montrée si prodigue envers elle; tandis que l'Espagne doit se trouver heureuse de pouvoir lui emprunter maintenant quelques unes de ses richesses naturelles.

M. Héron de Villefosse, dans sa *Richesse minérale*, estimait en 1809 à 39,660 quintaux métriques la quantité de mercure préparée annuellement pour les besoins du commerce, et en grande partie fournie par l'Espagne et l'Autriche seules. La première de ces puissances figurait dans ce nombre pour 25,000 quintaux, et la seconde pour 10,760; aujourd'hui la production du mercure a diminué en Espagne, et très-probablement en raison de l'extension qu'ont prise les mines d'Amérique; l'Autriche fournit aussi bien moins de mercure qu'elle n'en fournissait il y a vingt ou vingt-cinq ans; mais, d'un autre côté, on sait que le Japon et la Chine produisent d'assez grandes quantités de mercure qu'on peut estimer, sans exagération, à 6 ou 7,000 quintaux, et l'on peut croire même qu'elles en fournissent au moins autant que l'Espagne; en sorte qu'on peut évaluer la quantité de mercure produite annuellement par les mines connues, à plus de 40,000 quintaux métriques, répartis de la manière suivante :

Espagne	20,000
Bavière.	7,000
Autriche (1829)	2,815
Duché des Deux-Ponts .	600
Chine et Japon	7,000
Pérou et Amérique . . .	6,500
Quintaux métriques	43,915

qui représentent, au prix moyen de 1,000 francs le quintal, une valeur de 43,915,000 francs, dans laquelle l'Europe seule entre pour 30,415,000 francs.

Il paraît qu'on a découvert dans ces derniers temps, dans la Daourie, des mines de mercure; mais nous ignorons si elles ont donné de bons résultats. Les mines de Santa-Barbara, au Pérou, ont fourni de 4 à 6,000, et même jusqu'à 10,000 quintaux par an; mais un intendant des travaux ayant imprudemment enlevé pour se les approprier les étais qui soutenaient le toit de la mine, il s'est écroulé, et depuis lors l'exploitation est devenue impossible; cependant une compagnie dite des mines du Pérou, ayant un capital de 1,000,000 de livres sterling, s'est formée en 1825 en Angleterre, pour la reprise de ces mines, et il est probable qu'elles ont été depuis remises en activité.

ÉTAIN.

L'époque de la découverte de l'étain n'est pas plus connue que celle des métaux précédens. Son nom grec, κασσίτερος, lui venait de celui d'une ville du nord de l'Espagne, où il était exploité; on le tirait aussi de l'Angleterre et de Thulé, qu'on pense être l'Irlande, et des îles Kassitérides, qu'on regarde comme étant les îles Sorlingues, et dont le nom provenait du métal qu'on y extrayait. Les anciens chimistes désignaient l'étain sous le nom de *métal de Jupiter*; il est presque aussi blanc que l'argent quand il est pur; mais une petite quantité de plomb, de cuivre ou de fer, lui donne une teinte grise; lorsque la proportion est plus grande, il perd tout son éclat, et on pourrait le confondre avec le plomb et le zinc. Il est,

après le plomb, le plus mou des métaux ; lorsqu'on
le plie, il fait entendre un petit bruit tout particulier qu'on appelle le *cri de l'étain*, et qui peut servir jusqu'à un certain point à faire reconnaître son
degré de pureté. C'est l'un des métaux les plus fusibles ; car il fond à 210° centigrades, beaucoup au
dessous du rouge naissant ; il n'est point volatil,
mais s'oxide facilement au contact de l'air quand
il est fondu ; sa pesanteur spécifique est de 7,29,
presque la même que celle du fer. Il est à peu près
certain que c'est dans les îles Britanniques que les
Phéniciens et les Carthaginois, ces peuples indus-
trieux et si intrépides marins, allèrent chercher
une grande partie de l'étain employé dans l'antiquité, et la préparation de ce métal fut la propriété
exclusive de l'Angleterre jusqu'en 1241 ; mais à
cette époque un ouvrier du comté de Cornouailles,
forcé de fuir la Grande-Bretagne pour un crime
qu'il avait commis, se réfugia en Allemagne et y
découvrit les mines d'étain de la Bohême, dont
l'exploitation devint bientôt si avantageuse, que
l'étain allemand ou de Bohême concourut dès-lors
par toute l'Europe avec l'étain anglais.

On distingue plusieurs espèces d'étain dans le
commerce : l'étain de *Malaca*, de *Banca* ou des
Indes ; c'est le plus pur ; il est sous forme de py-
ramides quadrangulaires tronquées, dont la base
aplatie donne au lingot la forme d'un chapeau ;
l'*étain d'Angleterre* et l'*étain d'Allemagne* sont
coulés en saumons plus ou moins considérables.
Le premier renferme toujours un peu de cuivre et
d'arsenic, le dernier est encore plus impur.

Les usages de l'étain sont très-nombreux ; on
l'emploie à la fabrication de divers vases et instru-

mens; pour faire le fer-blanc, qui n'est que de la
tôle mince recouverte d'une légère couche d'é-
tain par un procédé particulier, de même que
l'étamage ordinaire consiste en une couche très-
mince de ce métal appliquée sur le cuivre; combiné avec ce dernier métal dans diverses proportions, il constitue l'alliage des canons et des cloches; allié avec deux fois son poids de plomb, il
forme la soudure des plombiers; enfin, allié au
mercure, l'étain sert à mettre les glaces au tain,
L'hydrochlorate d'étain, qu'on obtient en traitant
le métal par un mélange des acides hydrochlorique
et nitrique, est employé dans la teinture, particulièrement pour obtenir la couleur écarlate. L'*or
mussif*, appelé aussi *or mosaïque* ou *de Judée*, qui
sert à bronzer le bois et pour les machines électriques, n'est qu'un persulfure d'étain. La *potée
d'étain* servait enfin autrefois pour donner le poli
aux glaces; c'était une combinaison des oxides
d'étain et de plomb.

L'étain n'existe pas à l'état natif dans la nature,
mais seulement à l'état d'oxide ou de sulfure; celui-ci est une rareté minéralogique, en sorte que
c'est de l'oxide seul que s'extrait tout l'étain du
commerce.

Le traitement des minerais d'étain se borne à
une simple fonte de réduction; il faut que la température soit assez élevée, parce que la réduction
de l'oxide exige une haute température. En Allemagne on emploie pour cette opération deux espèces de fourneaux prismatiques à courant d'air
forcé; les uns de 8 pieds de hauteur, et les autres,
plus généralement en usage aujourd'hui, de 18
pieds, et on s'y sert de charbon de bois. En Bo-

hême et en Saxe, les minerais contenant des pyrites de fer, de cuivre et d'arsenic, sont d'abord
grillés dans un four à réverbère, à une température un peu au dessus du rouge brun, de manière
à chasser l'arsenic et une grande partie du soufre,
puis on les bocarde et on les lave ensuite sur des
tables ; les oxides de fer et de cuivre, plus légers que
l'oxide d'étain, se séparent facilement, et celui-ci
reste presque pur. Cependant il arrive quelquefois
qu'on est obligé d'enlever avec un fort barreau
aimanté tout l'oxidule de fer qui peut être resté
mêlé. Si les minerais contiennent de l'arsenic, on
fait subir un second grillage. Le schlick étain est
ensuite traité au fourneau à manche, et chargé
avec du charbon mouillé pour que le vent des
soufflets emporte moins de mine. L'oxide commence bientôt à se réduire, et le métal s'écoule
d'abord dans un bassin de réception et de là dans
un autre dit *bassin de percée*; les laitiers restent
dans le premier bassin.

En Angleterre on traite les minerais à la houille
dans des fours à réverbère ; ils sont mêlés avec 10
ou 12 pour 100 de poussière de houille sèche ; on
mouille le mélange pour éviter une déperdition,
on l'étend sur la sole et on ferme hermétiquement
toutes les ouvertures, puis on échauffe graduellement et de manière à faciliter la réduction de
l'oxide d'étain sans opérer la fusion de la gangue,
sans quoi on s'exposerait à perdre une grande portion d'oxide qui se dissoudrait dans les scories,
pour lesquelles il a une très-grande affinité. Cette
première opération dure 6 à 7 heures ; on brasse
alors la matière pour faciliter la séparation de l'é-
tain métallique d'avec les scories, puis on le fait

couler dans un bassin de réception, où il se dé-
pouille des scories qu'il a pu entraîner avec lui ; il
est ensuite coulé en lingots.

Raffinage.

L'étain ainsi obtenu est loin d'être assez pur
pour être livré au commerce ; il faut le raffiner.
L'opération du raffinage est en grande partie
fondée sur la plus grande fusibilité de l'étain
comparée à celle des métaux alliés avec lui ; elle
se divise en deux opérations successives, la *liqua-*
tion et le raffinage proprement dit. On place l'é-
tain en saumons sur la sole d'un four à réverbère,
analogue à ceux qui servent pour l'affinage de la
fonte ; puis on chauffe légèrement, l'étain se fond
le premier et se rend dans une chaudière de réception en fonte dite d'affinage, disposée au dessus d'un petit foyer pour le maintenir en fusion. Il
reste sur la sole un alliage composé d'étain, d'arsenic, de beaucoup de fer, de cuivre, de tung-
stène, etc. Lorsque la chaudière d'affinage est
remplie, on plonge dans le bain métallique des
bûches de bois vert, qui, dégageant une grande
quantité de gaz, y produisent une violente agitation
qui détermine la séparation des métaux les plus
pesans qui y ont encore été entraînés ; ils se pré-
cipitent au fond, tandis que les scories et l'oxide
d'étain forment à la surface une espèce d'écume.
Après trois heures de cette ébullition artificielle,
on laisse reposer le bain pendant deux heures.
L'étain se sépare en couches de pureté différente ;
le plus pur occupe la partie supérieure et le
moins pur se dépose vers le fond de la chaudière ;

on coule en lingots environ les deux tiers de la masse reconnue assez pure pour être livrée au commerce sous le nom d'*étain raffiné*. Le reste est soumis à un second raffinage, ainsi que ce qui est resté sur la sole du fourneau. On sépare bien ainsi le fer, le cuivre et les autres métaux; mais, quelque précaution que l'on prenne, il est presque impossible de dépouiller complétement l'étain de l'arsenic, dont l'étain du commerce contient toujours une certaine quantité quand il provient du traitement d'un minerai arsénical; tandis que celui qui provient des minerais d'alluvion ou des Indes n'en contient pas du tout.

On manque de données suffisantes pour évaluer exactement la quantité d'étain qui s'extrait annuellement sur toute la terre; on sait seulement que l'Amérique en possède des mines riches, surtout le Brésil et le Mexique, que l'Asie en possède également beaucoup, en Chine, au Pégu, dans la presqu'île de Malaca, dans les îles de la Sonde, à Sumatra, à Banca, etc. ; cette dernière île, dont l'étain est surtout renommé dans le commerce, en fournit, dit-on, à elle seule plus de 70,000 quintaux. La France possède bien quelques mines sur lesquelles on a fait à différentes reprises des tentatives d'exploitation; mais il paraît qu'elles ne sont pas assez riches en métal pour pouvoir être exploitées avec avantage. L'Angleterre, ou plutôt le comté de Cornouailles, seul point où s'exploite l'étain, a, au contraire, depuis le temps des Phéniciens et des Carthaginois, le privilége de fournir la plus grande partie de celui qui est mis en œuvre en Europe. L'exploitation de l'étain, comme celle de tous les autres métaux, y a fait des pro-

grès depuis quelques années, ainsi qu'on pourra
le voir par le tableau suivant des extractions de
onze années consécutives.

    1817 . . . .   41,821. q. m.
    1818   38,018
    1819   31,113
    1820   28,152
    1821   31,760
    1822   31,809
    1823   40,874
    1824   48,865
    1825   42,284
    1826   44,577
    1827   53,904

Suivant M. John Taylor, la consommation de
l'étain a été en 1827, en Angleterre, de 28,453
quintaux métriques, l'importation de 1,115 quintaux; et par conséquent l'exportation a été de
26,567 quintaux. L'Espagne possède aussi des mines
d'étain exploitées avec avantage par les anciens; il
est très-probable qu'il suffirait de les reprendre
aujourd'hui pour leur faire donner de bons produits. M. Manès porte à 2,041 quintaux d'étain
métallique la production de 1828 des mines d'Al-
tenberg, en Saxe. Il a été découvert, il y a quelques années, des mines d'étain dans la province
de la Daourie, dans la Russie asiatique; mais nous
ignorons encore si elles ont été mises en exploitation et si elles ont donné des résultats. La Suède
possède enfin des mines d'étain en exploitation, et
qui doivent la faire figurer parmi les puissances
productrices de l'Europe.

M. Héron de Villefosse portait la production des différentes mines d'étain de l'Europe à 64,500 quintaux, qui représenteraient une valeur de 16,500,000 francs, ce qui était beaucoup trop élevé. M. Beudant évalue cette production à 13,000,000 de francs, et se trouve par conséquent peu au dessus de la vérité; mais il répartit en outre les produits différemment que je ne le fais ici.

Tableau de la production des mines d'étain en Europe.

Angleterre (moyenne de 1822 à 1828)	45,719
Saxe	3,500
Suède (1825)	750
Autriche (1829)	382
Quintaux métriques	48,551

qui, à raison de 250 francs le quintal, représentent une valeur annuelle de 12,587,750 francs. On peut très-bien supposer que l'Inde et l'Asie, qui fournissent beaucoup d'étain à l'Europe et à l'Amérique, en produisent ensemble pour une valeur au moins double, ce qui éleverait à 35 ou 40,000,000 de francs la valeur de tout l'étain livré annuellement à la consommation.

ZINC.

Ce métal, découvert seulement dans le seizième siècle, est lamelleux, d'un blanc bleuâtre, ayant beaucoup d'éclat, mais se ternissant promptement à l'air; le plomb lui donne une teinte plus bleue et lui fait perdre de sa dureté, tandis que le fer le rend dur et aigre; il est très-ductile, quoiqu'il ne se file pas facilement; il est plus dur que l'étain et il résiste mieux au pliage que le plomb. Le zinc est très-fusible et fond au dessous de la chaleur rouge, à 360° centigrades; il est très-volatil et se sublime à l'état d'oxide blanc floconneux, formant une fumée blanche et épaisse. Laminé, sa pesanteur spécifique est de 7,1.

Il y a une quinzaine d'années, le zinc n'était guère employé que pour la fabrication du laiton, aussi l'on n'exploitait directement aucune mine de ce métal, et tout le zinc du commerce s'extrayait en traitaht les minerais de cuivre et de plomb qui étaient mélangés de zinc sulfuré; il n'en est plus de même aujourd'hui, et il est devenu l'objet de plusieurs exploitations particulières assez importantes. Le zinc métallique s'emploie maintenant à un assez grand nombre d'usages, depuis surtout qu'on est parvenu à le laminer et qu'on a trouvé le moyen de le travailler; on a reconnu qu'il fallait le faire à la température de 100° centigrades, qu'alors il devient ductile et passe facilement au laminoir; mais il ne faut pas dépasser cette température, car il deviendrait fragile et cassant. Laminé, il est employé à faire des couvertures, des bassins, des conduits, des baignoires, des gouttières, etc. L'on a voulu aussi en faire des ustensiles de cuisine; mais la facilité avec laquelle le zinc est attaqué par les acides les plus faibles, et la vertu émétique que possèdent les sels de ce métal, doivent le faire rejeter pour la fabrication de tous les vases destinés à la préparation des alimens; les avantages des toitures en zinc sont

même très-douteux en Angleterre sous le rapport
de la durée; car il paraît que l'atmosphère de
Londres, en particulier, contient une si grande
quantité d'acide sulfureux que, d'après des ob-
servations constatées, le papier de tournesol y
rougit fortement, et en quelques instans lorsque
le brouillard est un peu épais; et on a observé que
les marbres exposés aux pluies et aux brouillards
sont promptement dépolis, et que les monumens
publics y sont noirs du côté opposé à celui qui
noircit le plus vite à Paris. En effet, les édifices qui
sont en pierre calcaire de Portland paraissent de
loin comme s'ils étaient couverts de neige, ce qui
tient à ce que toutes les parties verticales de ces
édifices sont noircies à l'unisson du monument,
tandis que les pluies, lavant et décapant constamment les parties horizontales ou légèrement
inclinées, les font paraître avec leur blancheur naturelle. On conçoit dès-lors que les pluies et les
brouillards acides dissolvent sans cesse l'oxide de
zinc qui se forme à la surface des feuilles, atta-
quent le métal même et rongent les gerçures dans
lesquelles l'eau peut s'infiltrer; cause qui devra
nécessairement restreindre en Angleterre l'usage
du zinc pour les couvertures. Les propriétés électriques de ce métal le rendent précieux en physique et en chimie; car, mis en contact avec un autre métal, et particulièrement le cuivre, il constitue l'un des élémens de la pile de Volta, dont il est
presque toujours le côté positif. Combiné avec
l'étain et le mercure, il forme un amalgame dont
on se sert quelquefois pour frotter les coussins des
machines électriques; avec le cuivre il constitue
le *laiton* ou *cuivre jaune*, dont la préparation en

consommé des quantités très-considérables. A
l'état d'oxide, il est employé en pharmacie et
dans les arts sous le nom de *fleurs de zinc*, à l'état
de sulfate sous celui de *vitriol blanc*. Enfin, mis
en contact avec de l'acide sulfurique et de l'eau,
le zinc sert encore à la préparation de l'hydro-
gène.

Ce métal ne se trouve pas dans la nature à l'état
natif, mais seulement à celui d'oxide et de sulfure.
Les autres combinaisons du zinc ne sont qu'acci-
dentelles, et ont peu d'importance en Métallurgie.
L'oxide, qu'on nomme *calamine*, est presque toujours mélangé de carbonate, de matières terreuses
et autres substances métalliques, ou de silice qui
lui fait quelquefois donner en minéralogie le nom
de *zinc silicaté*. Le sulfure, appelé *blende*, est
beaucoup plus commun; il accompagne souvent
dans les filons les minerais de cuivre et surtout
ceux de plomb; la blende est quelquefois argentifère. Beaucoup de minerais de fer d'alluvion contiennent du zinc, mais en proportions si petites
qu'il a échappé jusqu'ici à l'analyse chimique; cependant il se dégage des hauts-fourneaux et se volatilise à la partie supérieure, et les boucherait
même quelquefois si on n'avait soin de le détacher;
il y forme un cercle solide appelé *kiess* ou *cadmie*,
qui est formé d'oxide de zinc presque pur. Les
minerais de zinc sont employés à deux usages, ou
pour obtenir le zinc métallique, ou pour fabriquer
le cuivre jaune; ils doivent être bocardés, triés
et lavés; ensuite on les grille pour chasser l'eau
et l'acide carbonique de la calamine, ou le soufre
de la blende. Le grillage de la calamine peut se
faire dans des fourneaux à manche; mais celui de

la blende doit se faire dans des fours à réverbère, parce qu'il faut constamment renouveler les surfaces pour pouvoir expulser tout le soufre. Après le grillage on passe les minerais sous des meules pour les réduire en poussière très fine, et rendre ainsi la réduction plus facile.

Pour traiter ces minerais grillés, on emploie des fourneaux particuliers qui permettent de recueillir le zinc qui se volatilise pendant l'opération. A Liège on les mêle avec de la houille, puis on introduit le mélange dans des tuyaux de terre qui traversent le fourneau, où ils sont un peu inclinés et mis en communication par la partie supérieure avec d'autres tuyaux en fonte, placés extérieurement et inclinés en sens contraire. On place quelquefois l'un au bout de l'autre deux de ces tuyaux qui ont une forme conique. Lorsque la température est assez élevée, le minerai se réduit, et le zinc qui en provient se sublime et va se condenser dans les tuyaux extérieurs que l'on rafraîchit en les mouillant. On recueille le métal dans des bassines en fer, et on le coule en petites plaques de cinq ou six kilogrammes pour le livrer au commerce.

Dans la Carniole et en Carinthie, on emploie des tuyaux en terre fermés par le haut et ouverts à leur partie inférieure; ils sont placés verticalement dans les fours, et lorsque les vapeurs de zinc se forment, elles descendent à travers les minerais et viennent se condenser sur des plaques en fonte ou au dessous de la voûte qui porte les tuyaux.

En Angleterre, les fours de réduction sont rectangulaires ou ronds, leur aire est percée de trous, au dessus desquels on place des pots ou creusets d'argile également percés à leur partie inférieure d'un trou par lequel le zinc réduit coule dans le condenseur, formé d'un tuyau un peu conique en tôle, qui s'applique au creuset. Chaque four contient six ou huit pots : on les emplit de minerai mélangé avec partie égale en volume de houille menue, en ayant soin de boucher le trou du fond avec un morceau de bois dont le charbon retient le mélange. On laisse le trou du couvercle du creuset débouché jusqu'à ce que la flamme bleue indique un commencement de réduction ; alors on le bouche avec de l'argile réfractaire, et on place des tuyaux de tôle à la suite du condenseur, pour diriger le métal dans des vases destinés à le recevoir. Le zinc, recueilli ainsi sous forme de gouttes et de poudre très-fine, est mélangé d'oxide ; on le fond dans une chaudière de fer, l'oxide se réunit à la surface, sans former d'écume ; il est recueilli pour être remis dans les pots, et le métal est coulé dans des lingotières.

Le *laiton*, *similor*, *métal de Manheim*, ou *du Prince-Régent*, se prépare généralement de la manière suivante : on mêle cinquante parties de minerai grillé et réduit en poudre, avec vingt parties de charbon pulvérisé ; on dispose ce mélange par couches alternatives avec trente parties de grenaille de cuivre dans des pots ou creusets d'argile réfractaire, qu'on soumet à une forte chaleur, dans des fours analogues à ceux des boulangers et qui contiennent huit pots. Quand le laiton est fondu et bien formé, on le coule, soit en plaques, soit en bandes, entre deux plaques de granite mobiles l'une sur l'autre.

La préparation du laiton se fait quelquefois

comme à Jemmapes, en deux opérations successives tout-à-fait analogues à celle ci-dessus ; dans
la première on obtient un alliage qui ne renferme
que 20 pour 100 de zinc et qu'on nomme *arcot* ;
dans la seconde, on combine l'arcot avec une
nouvelle portion de zinc pour obtenir le laiton. La
composition du mélange, pour obtenir celui-ci, varie selon qu'on veut un alliage sec, propre à être
tourné et ayant la propriété de se laisser scier et
perforer sans se déchirer, ou selon qu'on le veut
ductile et gras, c'est-à-dire qu'il se déchire et em-
pâte l'outil lorsqu'on veut le couper, tel enfin
qu'il convient de l'avoir pour la fabrication des
fils de laiton et des épingles. Le laiton se prépare
encore quelquefois en combinant directement le
cuivre avec le zinc métallique.

La Pologne est le pays qui produit le plus de
zinc, et les mines seules du comte Arthur Po-
tocki, à Cracovie, fournissent, suivant M. Lus-
zczewski, environ le quart de la production
totale.

M. de Villefosse portait en 1809 l'extraction des
minerais de zinc pour la fabrication du laiton à
77,531 quintaux, et M. Beudant estime la valeur
du zinc métallique et des minerais employés à la
fabrication du laiton en Europe, à 1,600,000 fr.,
quoiqu'il soit assez difficile de déterminer exactement aujourd'hui la quantité de zinc fournie annuellement au commerce, vu qu'elle augmente
chaque année ; cependant on peut dire que la valeur de la quantité de zinc métallique produite
s'élève seule presque au double de cette évaluation. Elle se répartit de la manière suivante :

Pologne . . . . 50,000 q. m.
Angleterre (1833) . . . 25,000
Belgique et Prusse . . . 20,000
Prusse (Silésie) 6,000
Suède (1825) 3,583
Espagne 1,000
Autriche (1829) 930
Suisse 16

Quintaux métriques . . 106,529

qui, à 50 francs, prix actuel du zinc, représentent une valeur de 5,326,450 francs.

La quantité de minerais de zinc extraits et préparés pour la fabrication du laiton se répartit ainsi :

Angleterre 50,000
Prusse 50,000
Pays-Bas 20,000
Hartz 12,000
Autriche (1829) 7,606

TOTAL 139,606

dont la valeur, portée à 10 francs le quintal métrique, représente 1,396,060 francs, d'où il suit que la production totale du zinc s'élève pour le moins à

Zinc métallique . . . 5,326,450
Minerai 1,396,060

Francs 6,722,510

On voit que la France n'entre pour rien dans

telle production; cependant elle possède plusieurs
mines de zinc, et beaucoup de filons métalliques
qui s'y exploitent en contiennent des quantités
qu'on pourrait extraire avec avantage.

PLATINE.

Ce métal, découvert seulement depuis 1735,
par don Antonio de Ulloa, géomètre espagnol,
qui accompagna les astronomes français au Pérou, a long-temps été connu sous le nom d'*or
blanc* et rejeté jusqu'à ce que, les Espagnols en
ayant fabriqué quelques objets d'ornement et de
curiosité, il reçut alors le nom qu'il porte aujour-
d'hui, lequel est formé par diminutif de *plata*, argent. Depuis cette époque, il a été reconnu dans
la plupart des dépôts aurifères de l'Amérique, particulièrement de l'Amérique septentrionale, où il
se trouve en très-petits grains; et quoiqu'on en ait
rencontré quelques pépites qui pesaient plusieurs
onces, il présente rarement des grains de la gros-
seur d'un pois; cependant le cabinet de Madrid
en possède une, découverte en 1814, près de la
mine d'or de Condotto, qui pèse une livre neuf
onces. En 1809, il en a été découvert à Haïti, d'où
elle a été rapportée, une très-grosse pépite. Ce
métal a été reconnu dans les mines d'argent de
Guadalcanal en Espagne, et dernièrement on a
signalé sa présence en petites proportions dans les
sables aurifères du Rhin.

Le platine est d'un gris d'acier qui tient le milieu entre le blanc de plomb et le blanc d'argent;
il est tendre, très-malléable et flexible. C'est le
plus pesant des métaux connus, et lorsqu'il est

forgé, sa pesanteur spécifique est de 20,53; elle est de 22,06 lorsqu'il est laminé. Il a pour propriétés de résister au feu le plus violent sans se fondre, et d'être inattaquable par les acides, circonstances qui en rendent l'usage précieux dans les arts, où l'on s'en sert, malgré son prix élevé, pour faire des bassines évaporatoires, des alambics pour les fabriques d'acide sulfurique; on en fait aussi des cornues, des creusets, des capsules, des tubes et autres objets qui servent dans les laboratoires de chimie; cependant ce n'est que depuis 1822, époque de sa découverte dans l'Oural, que son exploitation a présenté quelque importance; car auparavant on l'avait souvent rejeté pour éviter les fraudes que l'on aurait pu faire en le mêlant ou l'alliant à l'or; mais la Russie vient de l'adopter pour l'un des signes représentatifs de sa richesse sociale, en en faisant battre de la monnaie. On a essayé de l'employer en bijouterie; on en a fait des chaînes, mais son peu d'éclat et sa grande pesanteur empêcheront probablement de s'en servir beaucoup pour cet objet. A l'état d'oxide, on l'applique sur la porcelaine, soit pour ornemens, soit comme vernis total, et il lui donne un brillant métallique inaltérable qui a tout-à-fait l'apparence de l'argent; on l'emploie avec avantage en physique pour la construction des miroirs des télescopes à réflexion, à cause de l'inaltérabilité du métal, dont le poli résiste très-bien aux influences météorologiques. On a essayé aussi avec succès de le substituer à l'étain pour l'étamage du cuivre, et il fournit un très-bon plaqué; il convient enfin pour la fabrication des instrumens de précision; et on s'en est servi pour faire des

règles à étalons parce qu'il est très-peu dilatable.
« Ce métal serait très-précieux dans un grand
nombre de cas, si on pouvait se le procurer à bon
marché. Cependant, quoiqu'il ne soit pas très-
rare dans la nature, il s'est long-temps maintenu
dans le commerce à un prix très-élevé, aussi élevé
et même plus élevé que celui de l'or, ce qui te-
nait principalement à la grande difficulté de le
purifier, car il n'existe pas à l'état de pureté. Aujourd'hui qu'on a trouvé le moyen de le traiter
économiquement par la voie humide, il a beaucoup diminué, et le platine de Russie a baissé de
30 à 15 ou 16 francs l'once; celui d'Amérique,
qui est plus pur et plus recherché, se vend toujours un peu plus cher; il était le seul qui fût
employé dans les arts avant la découverte de ce
métal dans l'Oural.

Les sables qui recèlent le platine sont remarquables par leur composition; on y trouve, outre
le platine, de l'or, de l'argent, du mercure métallique, des oxides de fer, de cuivre, de chrôme,
du plomb sulfuré, du titane, de l'iridium, de
l'osmium, du rhodium et du palladium; ces derniers métaux sont presque toujours combinés avec
le platine, et les autres souvent mélangés ou combinés avec lui; et c'est ce qui rendait sa purification si difficile autrefois.

¶ L'extraction du platine prend en Russie une
assez grande importance, et d'après le tableau
publié par l'administration des mines en Russie,
les mines en ont produit, de 1827 à 1836, dans
l'espace de neuf années, 14,116 kilogrammes,
dont la moyenne annuelle, à partir de 1828 seulement, est de 1,712 kilogrammes, ce qui sem-

ble être au dessous de la réalité, du moins si l'on doit croire ce que M. Sobolewsky a fait connaître, savoir, que du cinquième au sixième mois, de 1833 jusqu'en 1834, on a extrait 271 quintaux (anciens) de minerai qui ont fourni 190 quintaux de platine pur; 160 quintaux ont été employés à faire de la monnaie, dont il a déjà été frappé pour une valeur de 8,186,620 roubles (34,110,916 fr.). On peut donc, sans exagérer, porter à environ 2,000,000 de francs le produit annuel du platine en Russie, la valeur de ce métal y étant supposée être de 1,000 francs le kilogramme. Le commerce du platine étant libre en Amérique, on n'a aucun document administratif qui puisse indiquer la quantité de ce métal extraite des lavages aurifères et platinifères. L'or du Choco, d'après des renseignemens que m'a fournis à ce sujet M. Boussingault, en renferme en moyenne 5 pour 100, et comme l'or monnayé à Popayan provient des lavages du Choco, il en résulte qu'en ajoutant à la quantité qui y est fournie chaque année, un cinquième pour la valeur de celui qui est exporté par contrebande, on aura, en en prenant les 5 pour 100, très-approximativement la quantité de platine fournie par les minerais platinifères du Choco, laquelle peut être évaluée à 10 ou 12 quintaux. Quoi qu'il en soit, on peut porter au moins au double du platine fourni par la Russie, la quantité produite par les différentes contrées de l'Amérique, quantité qui augmentera avec l'emploi plus général de ce métal, qui le fera rechercher avec plus de soin des exploitans.

ANTIMOINE.

L'époque de la découverte de ce métal n'est
pas bien connue; Basile Valentin a décrit le
premier, dans son ouvrage intitulé : *Currus triom-
phalis antimonii*, publié à la fin du quinzième
siècle, la manière de l'obtenir; c'est l'un des métaux sur lesquels les alchimistes ont le plus exercé
leur savoir occulte : l'espèce de cristallisation, en
forme d'étoile ou de feuilles de fougères, que la
surface de ce métal offre constamment, était pour
eux un si grand présage de succès, qu'ils le soumirent à toutes les épreuves et qu'ils prétendirent
même en avoir obtenu la *prima materia* pour l'ac-
complissement de leur grand œuvre.

L'antimoine métallique, qu'on appelle *régule
d'antimoine* dans le commerce, est d'un blanc
bleuâtre très-brillant, très-lamelleux, et si cassant qu'il est facile de le réduire en poudre. Frotté
entre les doigts, il leur communique une odeur
et une saveur métallique très-sensible. Sa pesanteur spécifique n'est que de 6,70 ; il fond à 430°
centigrades, près de la chaleur rouge sombre, et
n'est point volatil sans le contact de l'air; mais au
rouge clair, et avec le contact de l'air, il se volatilise et s'enflamme même, en répandant des vapeurs blanches qui se condensent, par le refroidissement, en flocons qui portent le nom de *fleurs
argentines d'antimoine*.

Les pricipaux usages de ce métal dans les arts
sont fondés sur la propriété qu'il a de durcir les
métaux mous avec lesquels il est allié, comme le
plomb, l'étain, le cuivre, etc. Ainsi il entre dans

là composition de plusieurs alliages qui servent à la fabrication des cuillers et fourchettes ; il entre pour un cinquième ou un quart dans la composition des caractères d'imprimerie, selon qu'ils ont besoin d'être plus ou moins durs ; ils sont composés de 75 de plomb et 25 d'antimoine pour les plus petits caractères ; de 80 de plomb sur 20 d'antimoine pour les caractères moyens ; et pour les grosses lettres, les espaces, les quadrats, etc., on ne met même que 15 parties d'antimoine dans l'alliage. Quelques fondeurs ajoutent quelquefois un peu d'antimoine au métal des cloches ; il entre avec le zinc dans la composition des feux de Bengale dont on admire toujours la lumière blanche dans les feux d'artifice. L'antimoine sert aussi à la fabrication des miroirs métalliques ; son oxide jaune sert dans la peinture sur faïence, sur porcelaine et sur émail ; il sert en pharmacie à préparer le beurre ou chlorure d'antimoine, l'antimoine antimonial ou fleurs d'antimoine, l'antimoine diaphorétique ou l'antimonite de potasse : il entre dans la composition de l'émétique, du kermès minéral, et dans une foule de préparations médicales dont on ne fait plus guère usage aujourd'hui ; enfin les pilules perpétuelles, dont on faisait aussi usage comme purgatif et même comme vomitif, n'étaient que des petites balles d'antimoine qu'on rendait telles qu'on les avait prises.

L'antimoine existe sous trois états dans la nature, à l'état natif, d'oxide et de sulfure ; mais c'est seulement du sulfure qu'on extrait tout l'antimoine du commerce, où il est versé sous forme de pains. Le traitement métallurgique se divise en deux opérations principales ; on commence par fondre le minerai tel qu'il sort de la mine pour le dégager de sa gangue, soit dans des vases percés pour laisser échapper la substance métallique, soit dans un four à réverbère à sole inclinée qui remplit beaucoup plus vite et plus économiquement le même but. Le sulfure, ainsi débarrassé de sa gangue, est composé de petites aiguilles et porte le nom d'*antimoine cru*; on le grille dans un four à réverbère pour en chasser le soufre et le réduire à l'état d'oxide; l'opération dure quinze à seize heures, et il faut remuer constamment avec un râble de fer.

A Alais, on mêle l'oxide ainsi grillé avec moitié de son poids de tartre et on le place dans des creusets que l'on expose à la chaleur d'un fourneau de fusion. En Auvergne on mêle l'oxide pulvérisé avec un dixième de charbon de bois en poudre, et on mouille le mélange avec une dissolution alcaline faite avec de la potasse du commerce ou avec du carbonate de soude; on place le mélange dans des creusets que l'on chauffe pendant une heure et demie à deux heures dans un four à réverbère, puis on coule la matière dans des moules sphériques.

On ne connaît pas exactement la quantité d'antimoine qui s'extrait en Europe annuellement, mais on peut l'évaluer approximativement à 7 ou 8,000 quintaux, qui représentent une valeur de 15 à 1,700,000 francs. La France en a produit en 1834, tant en régule et sulfure qu'en crocus, verre d'antimoine et kermès, pour une valeur de 240,290 francs. L'Autriche, en 1829, a produit 1,755 quintaux métriques, qui, à 235 francs, représentent une valeur de 412,425 francs.

COBALT.

Ce métal n'existe pas à l'état natif, mais bien d'oxide, de sulfate et d'arséniate, combiné avec plusieurs corps combustibles, et particulièrement avec l'arsenic et le soufre. Il n'est jamais employé à l'état métallique; et ce n'est que dans les laboratoires qu'on l'obtient à cet état; on se sert beaucoup, au contraire, dans les arts, de l'oxide de cobalt, soit pour colorer la porcelaine, soit pour préparer le verre bleu, connu sous les noms de *smalt*, d'*azur* ou de *bleu d'émail*, et le *safre*, état sous lequel il est généralement livré au commerce. Le safre est de l'oxide gris résultant du grillage des minerais, mélangé avec deux parties de sable quartzeux broyé entre deux meules, et humecté ensuite pour le former en masse. Pour convertir le safre en smalt ou azur, on y ajoute deux parties de potasse, puis on fait fondre le mélange dans des creusets; on enlève le verre à mesure qu'il se forme et on le jette dans l'eau froide qui le divise en une espèce de gravier anguleux que l'on fait passer sous des meules de moulin pour le réduire en poudre impalpable, dont on obtient par le lavage différentes qualités sous le rapport de la finesse. Le smalt ou l'azur le plus fin est employé sous le nom de *bleu royal* à l'apprêt des toiles et dans la fabrication du papier, et sert à rehausser leur blancheur. Le smalt de seconde qualité sert dans le blanchiment du linge pour lui donner une teinte plus agréable. Tous les verres bleus sont colorés avec du cobalt, ainsi que les porcelaines à fond bleu céleste. Il sert à la prépa-

ration du phosphate double de cobalt et d'alumine,
ou *bleu de Thénard*, employé en peinture, et qui
égale en beauté le bleu d'outre-mer. Le cobalt
peut encore servir à préparer une jolie encre sym-
pathique : pour cela on dissout un peu de safro
(oxide de cobalt) dans de l'eau régale, ou acide
nitro-muriatique; en séchant, les caractères tra-
cés sur le papier avec cette dissolution dispa-
raissent tout-à-fait, et ils reparaissent colorés
en vert tendre, quand on chauffe légèrement lé
papier.

Il paraît que les anciens ont connu l'usage du
cobalt et l'ont employé en peinture; on en trouve
des traces sur les anciennes momies d'Egypte;
l'usage s'en était tout-à-fait perdu; car ce n'est
qu'au seizième siècle qu'un verrier nommé Schne-
rer eut l'idée de colorer le verre avec du cobalt.
Le *leao* dont les Chinois se servent pour colorer
leurs porcelaines en bleu, paraît être aussi une
préparation de cobalt.

Les différens usages du cobalt en ont rendu
l'exploitation assez importante; elle se répartit à
peu près ainsi qu'il suit en Europe :

Saxe	4,100 q. m.
Bohême.	2,000
Norwége ;	1,300
Hesse. . . , ...	1,000
Souabe.	600
Suède (1825)	428
Pays de Siégen	400
A reporter. . .	8,000

Report.	[illegible],000
Prusse	300
Saxe-Cobourg.	300
Autriche (1829)	31
Quintaux métriques	10,559

qui représentent une valeur de 1,055,900, en portant la valeur du minerai à 100 francs le quintal. La quantité de smalt fabriqué avec ces minerais s'élève presque au double, c'est-à-dire à environ 20,000 quintaux, dont le prix moyen peut être porté à 140 francs, ce qui représente alors une valeur d'environ 2,800,000 francs. Le cobalt existe en France sur plusieurs points, dans les Vosges et dans les Pyrénées espagnoles et françaises, où il a même été exploité pendant plusieurs années, et il s'était établi à ce sujet une fabrique d'azur à Bagnères-de-Luchon; mais les exploitations et la fabrique ont été abandonnées, en sorte que la France est aujourd'hui tout-à-fait tributaire de l'étranger pour cette espèce de produit, dont elle consomme annuellement 5 ou 6,000 quintaux, c'est-à-dire pour 300 à 340,000 francs.

Plusieurs autres métaux, comme le manganèse, l'arsenic, le chrôme, etc., ont encore une certaine importance dans les arts; mais leur emploi est beaucoup trop restreint pour mériter une place bien étendue dans un article comme celui-ci; nous n'en dirons que quelques mots.

MANGANÈSE.

Ce métal ne s'emploie pas dans les arts, et n'existe à l'état métallique que dans les laboratoires. A l'état d'oxide, il sert à colorer le verre en violet, et à la préparation du chlore. Cette dernière propriété, si les essais faits récemment en Allemagne pour l'emploi du chlore dans l'affinage de la fonte se propagent, devra faire acquérir plus d'importance à ce métal, et en augmenter beaucoup l'extraction, qui a été en France, en 1834, de 8,489 quintaux métriques, représentant une valeur de 79,699 francs. L'Autriche en a extrait, en 1829, 772 quintaux. Nous n'avons pas d'autres renseignemens sur l'exploitation du manganèse dans les autres pays.

ARSENIC.

Les usages de l'arsenic sont aussi très-bornés. Uni au platine, à l'étain et au cuivre, il forme des alliages propres à faire des miroirs de téléscope ; à l'état d'oxide et en poudre, il est vulgairement connu sous le nom de *mort aux rats.* Cet oxide sert, en agriculture, pour laver les blés avant de faire les semis, et empêcher par là les vers de détruire les grains. On s'en sert également sous forme de pommade dite arsénicale, pour conserver les objets d'histoire naturelle, et empêcher les mites de s'y mettre. On s'était servi jusqu'en ces derniers temps, pour fondre le platine et le mettre en lingots, de l'arsenic ; mais l'intervention de ce métal n'est plus nécessaire aujourd'hui pour cet objet. L'oxide blanc du com-

merce s'obtient en grillant les mines de cobalt
arsénical; l'arsenic qu'elles contiennent se trouve
alors en partie brûlé; et c'est en traitant ces
mêmes mines par l'acide nitrique que l'on peut
se procurer l'arséniate de cobalt, qui est quelquefois employé dans les fabriques de porcelaine,
pour faire le beau bleu d'azur. Le métal est gris
d'acier, très-cassant, brillant dans la cassure ré-
cente, et terne lorsqu'elle est ancienne. C'est un
poison très-violent, contre lequel on ne saurait
trop prendre de précautions. A 180° centigrades,
l'arsenic se sublime lentement sans se fondre, et
se cristallise en tétraèdres; et si l'on projette de
l'arsenic en poudre sur des charbons ou sur un
corps incandescent, il se dissipe promptement à
l'état d'oxide et sous forme de vapeurs blanches
très-épaisses, dangereuses à respirer, et qui ré-
pandent une très-forte odeur d'ail ou de phos-
phore; c'est même un des caractères qui permet
tent de reconnaître facilement la plus petite portion
d'arsenic contenue dans un minerai, lorsqu'on
grille celui-ci.

CHROME.

Le chrôme métallique n'a aucun usage dans
les arts; il ne se trouve qu'à l'état de chromate
ou d'oxide dans la nature, tantôt pur, tantôt combiné avec l'oxide de fer; il ne sert que pour la
peinture sur porcelaine, à laquelle il fournit une
belle couleur verte qui résiste bien au feu; on s'en
sert également pour la peinture à l'huile. Le chromate de plomb sert encore en teinture, et donne
une très-belle couleur jaune orange.

On peut évaluer à environ un million le produit des divers métaux peu usités dont il vient d'être parlé.

Après avoir parlé de chaque métal en particulier, il ne sera pas dénué d'intérêt de grouper ensemble les valeurs de leurs produits en Europe, de manière à faire voir d'un seul coup d'œil leur importance relative.

Tableau général de la valeur du produit des métaux en Europe.

Fer.	775,400,000
Cuivre	63,200,500
Plomb.	59,389,056
Mercure.	30,415,000
Argent	13,775,650
Étain	12,587,750
Zinc.	6,722,510
Or.	3,986,423
Antimoine.	1,600,000
Cobalt.	1,055,900
Oxide de manganèse . . . . }	
Arsenic. . . . . }	1,000,000
Chrôme . . . . }	

Total. 969,132,789

On voit par ce tableau que la production totale des mines métalliques en Europe, si on y comprend quelques omissions et lacunes qui peuvent exister dans les tableaux précédens, ne s'élève pas à moins d'un milliard ; on voit aussi que l'or et l'argent n'y occupent pas le même rang que précédemment ; ce qui tient à ce que le produit de ces métaux précieux en Europe , pays riche en autres métaux, est comparativement très-faible , puisqu'il ne s'élève qu'à 17,762,073 , c'est-à-dire à environ 1/19me de la production totale; si on n'y comprend pas, comme on le fait ordinairement, le produit des mines de la Russie , qui forme à lui seul près de 1/12me de cette production; car, étant toutes situées en Asie , elles doivent figurer avec celles de cette partie de l'ancien monde. Leur revenu annuel moyen s'élève depuis 1830 à 24,831,471 francs; l'or entre dans cette somme pour 20,713,107 francs, et l'argent pour seulement 4,138,364.

La valeur de la production connue de l'or et de l'argent s'élève annuellement à la somme de 339,350,835 francs , dans laquelle l'Amérique figure pour la somme considérable de 266,326,963 francs, c'est-à-dire pour les 11/14mes de la totalité; tandis qu'elle n'a produit jusqu'ici que très-peu des autres métaux , qu'elle est obligée de tirer de l'Europe en échange de son or et de son argent.

Une chose digne de remarque et qui frappera surtout dans le tableau ci-dessus, c'est que la production du fer, qui n'a cependant qu'une valeur intrinsèque très-faible, égale pour l'Europe trois fois et demie la valeur totale du produit de tous les autres métaux réunis, et une fois et demie seulement celle de ces mêmes métaux, si on y ajoute le produit des mines d'or et d'argent sur tout le globe; aussi la quantité de fer qui se fabrique annuellement en Europe, comparée en poids à celle de tous les autres métaux également réunis, est comme 446 à 1. Dans cette quantité énorme de fer produite annuellement, la fabrication de l'Angleterre entre pour à peu près moitié, celle de la France pour $1/7^{me}$, celle de la Russie pour $1/13^{me}$; celle de l'Autriche, de la Suède et de la Prusse pour chacune environ $1/18^{me}$; celle de la Belgique pour $1/26^{me}$; celle de la Toscane pour $1/55^{me}$; celle du Piémont pour $1/77^{me}$; celle d'Espagne pour $1/86^{me}$; celle de la Norwége pour $1/105^{me}$, etc., etc.

On peut conclure du tableau ci-dessus que, si nous connaissions exactement la production du fer, du cuivre, de l'étain, du mercure, du plomb, etc., en Asie, en Afrique et en Amérique, comme nous connaissons celle de l'or et de l'argent du Nouveau-Monde, elle ne s'élevrait pas avec ces métaux réunis à une valeur moindre que pour l'Europe, c'est-à-dire aussi à un milliard; en sorte que l'on peut bien supposer que la production minérale métallique de tout le globe s'élève à au moins deux milliards.

On pourra aussi, après de tels aperçus, facilement se faire une idée de toute l'influence que doit exercer sur la politique et la richesse des nations une telle masse de valeurs mises annuellement en circulation, si l'on se représente l'énorme quantité de travail et de transactions commerciales auxquelles ces produits donnent lieu, et au rôle plus ou moins important que chacun d'eux occupe dans l'industrie; car le travail nécessaire pour les amener à avoir les diverses formes sous lesquelles ils sont employés dans les arts et les usages journaliers, dépasse de beaucoup la valeur de la matière première; et pour faire voir ici, par exemple, l'augmentation de valeur que le travail peut quelquefois y apporter, je citerai, d'après M. Charles Babbage, l'un des plus savans

économistes de l'Angleterre ; les petites spirales
de montre, pièces qui servent à diriger les vibra-
tions du balancier, lesquelles ne coûtent que 10
centimes au détail, et ne pèsent que quinze cen-
tièmes de grain ; en sorte qu'une livre de fer dont
on peut tirer cinquante mille de ces spirales, n'a
qu'une valeur comparative de 1 à 20,000 ; c'est-
à-dire que la livre de fer brut coûte 25 centimes,
et celle de spirales de montre 5,000 francs. Suivant M. Héron de Villefosse, un kilogramme de
fer de 50 centimes, pour être converti en lames
de canif, exige soixante-quatorze journées d'ouvrier à 5 francs, ou 370 francs de main-d'œuvre,
et, pour l'être en poignées d'épée aciérées, cent
neuf journées, ou 545 francs ; or il résulte de là
que la valeur du kilogramme de fer brut est dans
le rapport de 1 à 740 et à 1090 avec ces objets
manufacturés.

Ces divers exemples, bien qu'exceptionnels,
mais qu'on pourrait cependant beaucoup multi-
plier, suffisent pour donner une idée de la valeur
énorme qu'acquiert un produit métallique, annuel
d'un milliard, et quelle influence il doit exercer
sur la société en général ; car si l'on suppose qu'il
est moyennement quintuplé par le seul fait du travail, il représentera de suite une valeur à peu près
égale pour l'Europe à son capital en numéraire.

Il est aussi curieux de voir, par les divers tableaux qui précèdent, que les métaux précieux
sont loin de jouer le rôle le plus important dans
la richesse sociale, et que c'est, au contraire, les
matières qui ont le moins de valeur intrinsèque,
mais qui sont les plus abondantes, qui l'emportent
de beaucoup en importance : telle est la houille,

par exemple, dont il s'extrait des quantités énormes qui servent en grande partie à mettre les métaux en œuvre; tel est encore le fer qui domine tous les autres produits. Que l'on suppose un instant ce métal supprimé du commerce et de toutes ses applications; que deviendrait alors l'agriculture, qui fournit la vie animale à l'homme? Que deviendrait cette nouvelle application qui en a été si heureusement faite dans ces derniers temps aux voies de communication, application qui est destinée à opérer non seulement une grande révolution dans l'industrie et les richesses territoriales, mais encore sur la civilisation et les mœurs des nations? Que deviendraient les arts industriels qui lui empruntent la plupart de leurs moyens d'application et ses moteurs les plus puissans, les machines à vapeur, dont l'invention atteste la toute-puissance de l'homme et le génie des temps modernes? Que deviendrait enfin la civilisation dont le degré se trouve en quelque sorte indiqué par la consommation de ce métal lui même, si vulgaire en apparence, mais en réalité si précieux? On pourrait à la rigueur se passer de l'or, de l'argent et de la plupart dés autres métaux, mais, à moins de retomber à l'état de barbarie des premiers âges du monde, du fer, jamais!...

Je terminerai cet article, dont le haut intérêt et la nouveauté feront pardonner la longueur, par le tableau de la valeur du produit général des mines métallifères des principales nations de l'Europe, classées d'après leur importance relative. La seconde colonne du tableau est destinée à indiquer par une fraction le rapport métallique de chacune de ces puissances à l'égard de l'Angleterre, dont le produit a été considéré comme l'unité.

*Tableau comparatif du produit général des mines,
dans les principales contrées de l'Europe.*

	Francs.		Unité.
Angleterre.	439,733,000	soit	1
Russie et Pologne. . . .	118,525,000	environ	2/7
France.	112,287,000	—	1/4
Autriche.	67,138,000	—	2/13
Espagne.	54,341,000	—	1/8
Prusse.	49,274,000	—	1/9
Suède	46,290,000	—	2/19
Hartz.	36,250,000	—	1/12
Toscane	14,000,000	—	1/31
Bavière.	13,500,000	—	1,33
Saxe.	12,876,000	—	1/34
Piémont et Savoie. . . .	11,693,000	—	1/38
Danemarck.	9,045,000	—	1/49
Norwége.	8,449,000	—	1/55

L'Angleterre, que l'on a vue précédemment produire autant de fer à elle seule que le reste de
l'Europe, conserve à peu près le même rapport
relativement aux autres métaux; car elle repré-
sente à elle seule les 4/9mes de leur produit total;
tandis que la Russie et la France n'en pro-
duisent chacune que pour environ 1/9me; l'Autriche., 1/14me; l'Espagne, 1/18me; la Prusse,
1/20me; la Suède, 1/21me; etc. Si, à ce tableau,
on avait joint le produit des mines non métalli-
ques, les rapports se trouveraient un peu chan-
gés, et celui de l'Angleterre serait encore augmenté comparativement, puisque cette contrée
retire annuellement de ses mines de houille, par
exemple, une quantité de charbon de terre égale
à six fois celle extraite des mines de la Belgique,
et à quatorze fois celle que la France retire de
toutes ses exploitations houillères.

FIN.